Cristian Aguirre Del Pino

AF808729

El origen de la información cósmica

Cristian Aguirre Del Pino

EAN 13 - 978-0615791494 (OIACDI)
ISBN 10 - 0615791492

Fecha de publicación: Marzo 2013
Filosofia de Ciencia, Cosmología, Física

Diseño de portada/interior: Mario A. Lopez
Fuentes de Imagenes:
Andrómeda Azul/NASA y Blue Binary Code/Wallpaper Converter

Impreso y encuadernado en Estados Unidos de América.

OIACDI
www.oiacdi.org

Índice

Introducción

En años recientes dos obras de destacados físicos, "El Gran Diseño" de Stephen Hawking y "Un universo desde la nada" de Lawrence Krauss de la Universidad Estatal de Arizona, han puesto en relieve cómo la física puede establecer importantes aseveraciones metafísicas. En este caso la aseveración consiste en señalar que el universo puede prescindir de la necesidad de un Dios creador dado que existirían causales físicos suficientes para explicar no solo la ignición cósmica, es decir, el impulso que dio origen al universo, sino también su compleja naturaleza y su asombrosa sintonía con la vida.

El famoso físico John A. Wheeler dijo en su libro "Black Holes and Quantum Foam" de 1998 lo siguiente: "Considero que mi vida en la física se divide en tres períodos. El primero estaba casado con la idea que todo era partículas.... En mi segundo período todo era campos........ Ahora mi nueva visión es que todo es información".

La visión de Wheeler ha dejado de ser una visión particular para convertirse en un estándar del pensamiento actual sobre la naturaleza del universo. Por lo tanto, ya no se trata tanto de explicar de dónde surge la materia y la energía que la compone, sino más bien de donde salió la enorme información que la configuró.

El propósito de este libro es realizar un recorrido sobre la naturaleza de la información, sus tipos e implicación en la existencia de nuestro universo así como tambien responder la crucial pregunta: ¿De dónde procede la información cósmica?

Capítulo 1

EL CONOCIMIENTO

Recientemente, en un documental de la serie científica Curiosidad de Discovery Chanel titulado "¿Existe un mundo paralelo?", el físico polaco Nikodem Poplawski realizó un experimento casero muy interesante. El investigador escribió una nota en idioma polaco y luego la introdujo en una licuadora junto a agua y trozos de fruta. Finalmente accionó la licuadora y la nota junto a la fruta quedo licuada en un sabroso zumo con su pisca de información significativa. Luego afirmó, para asombro de la audiencia, que pese al licuado la información sigue allí.

¿Habría dicho lo mismo este físico si en lugar de una nota hubiese depositado en la licuadora un billete de 500 euros de su billetera? ¿Y lo habría dicho con el mismo desparpajo y alegría?

Seguro que no. Si entendemos adecuadamente el concepto de "perder" significa que no es posible recuperar, y un billete de 500 euros bien licuado no se puede recuperar desde luego. Pero entonces ¿De qué tipo de información está hablando este físico? ¿Se puede perder la información o no se puede?

Para responder a esta pregunta hay que precisar que en el experimento de la licuadora el físico no está discriminando que la información de la nota, la información significativa, es de un tipo muy diferente de la información física. En este sentido es preciso aclarar primero que es la información y que tipos de información existen antes de entrar a discutir sobre si la información puede o no perderse, o en tal caso si hay tipos de información que se pueden perder y otros que no se pierden.

Claude E Shannon en su Teoría Matemática de la Información de 1948 propuso que la información puede concebirse como una medida de la incertidumbre de un mensaje. Esto significa que si una parte del mensaje no tiene incertidumbre por ser previsible entonces no aporta información. En caso contrario si dicho componente del mensaje es imprevisible, su grado de sorpresa involucrará mayor información.

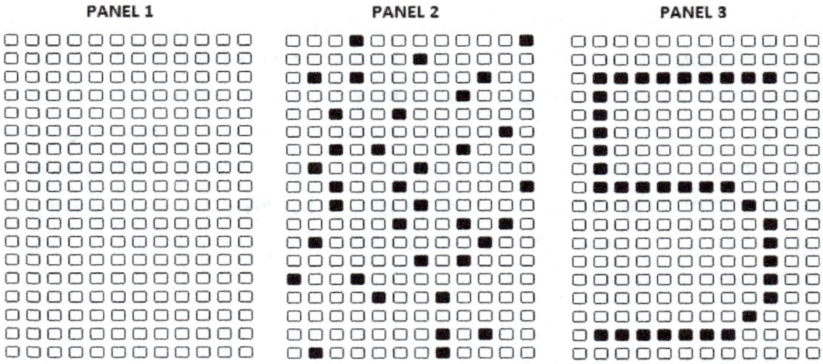

En la figura previa tenemos 3 paneles con una matriz de de 12 x 18 casilleros de ancho y alto respectivamente. Al analizar estos 3 tableros veremos que todos tienen la misma capacidad de información, es decir, cada uno tiene 216 casilleros que pueden tener 2 valores: blanco o negro, en cuyo caso podemos decir que tienen una capacidad digital para almacenar 216 bits de información física. Sin embargo, si lo que buscamos es información significativa podemos decir que el primer panel no nos informa nada, el segundo tampoco en cuanto a que desconocemos si dicha configuración de puntos puede tener algún significado, y el tercero finalmente si nos dice algo, en concreto el símbolo que significa el número 5.

Con este ejemplo podemos diferenciar entre información física e información significativa al admitir que los tres paneles tienen la misma cantidad de información física, pero no la misma cantidad de información significativa con respecto al conocimiento del convenio de comunicación de un intérprete particular. Perfectamente otro intérprete puede no reconocer el símbolo del número 5 y en cambio reconocer significado en el panel 2. Del mismo modo un occidental que desconoce los ideogramas chinos no encontrará ningún significado en un libro lleno de ellos. Para él dicho libro no le informa nada. Sin embargo para un ciudadano chino el mismo si le proporcionará abundante información. Como podemos concluir en el presente caso no hay pues discrepancia sobre la información física, más si lo hay de la información significativa dado que los convenios de comunicación (los símbolos implicados en la comunicación) no son conocidos del mismo modo por los distintos interpretes.

¿Cuál de estos dos tipos de información tenían en mente Shannon?

Definitivamente, como su propia definición lo induce, se trata de información significativa.

Para entender mejor esto recordemos los programas de televisión donde una frase cuyos caracteres permaneces ocultos a los concursantes debe ser hallada luego de un proceso progresivo de revelación de las letras que contiene. Primero un concursante indica una letra al azar que puede ser vocal o consonante y si la frase lo contiene se revelan las letras de la frase que corresponden a dicha letra o vocal. Luego el siguiente concursante hace lo mismo revelando otro carácter de la frase en un proceso que va revelando cada vez mas letras. Llegado un punto uno de los concursantes, aunque aún faltan letras para completar la frase, halla las necesarias, o dicho de otra manera, halla la necesaria información de Shannon para que el resto de letras aún ocultas ya no le proporcione incertidumbre y con ello nueva información. Y así, considerando las letras ya reveladas, poder decir que es lo que dice la frase y ganar el concurso.

Ahora bien, supongamos que el concurso se realiza en el idioma español y se invita al concurso a alguien que desconoce por completo dicho idioma. Sin duda perderá el concurso porque para él cada letra nueva revelada recibirá alta información de Shannon siendo la frase completamente revelada la información de Shannon para él. Sin embargo, para el concursante que habla español la información de Shannon será menor dado que él conoce las palabras y sintaxis del idioma español y por lo tanto podrá saber lo que dice la frase antes de que se revelen todas las letras.

¿Donde está entonces la diferencia sustancial entre la información física y la información de Shannon?

En el conocimiento.

Podemos decir entonces que la información física es conforme la expresión siguiente:

INFORMACIÓN FÍSICA = INFORMACIÓN DE SHANNON + CONOCIMIENTO

Lo que nos revela esta expresión y que está en consonancia con la misma definición de información de Shannon es que dicha información tendrá relación inversa con el conocimiento de la información relativa a los convenios de comunicación establecidos entre el emisor y el receptor, esto es, de la información que especifica el significado de los símbolos convenidos para la comunicación.

Si la información implicada en el conocimiento es bastante grande la información de Shannon será menor. Si el conocimiento es mínimo la información de Shannon será lo más cercano a la cantidad de información física. Si no hay conocimiento en absoluto y, por lo tanto, hay incertidumbre total, entonces la información de Shannon será igual a la información física.

Para entender mejor como actúa el conocimiento como tipo de información consideremos lo siguiente:

Para poder colocar un carácter alfanumérico en la pantalla en un computador tan solo nos basta con pulsar la tecla que lo especifica y ésta aparecerá en la pantalla. A nadie se le ocurriría, en cambio, indicarle a la computadora todos los pasos de cómputo a seguir para colocar el carácter "S" en la pantalla como será aproximadamente del siguiente modo:

1) Activar la interrupción 21 del sistema operativo MS DOS.
2) Recoger el código de identificación de la tecla y copiarlo al acumulador.
3) Verificar status de activación de mayúsculas.
4) Con la información del código y el status de la tecla de mayúsculas extraer código de la matriz de caracteres de la ROM BIOS.
5) Direccionar la subrutina que contiene la matriz de pixels necesarios para dibujar la letra en la pantalla en la zona del cursor.

Este engorroso procedimiento, que ya está anticuado al ser de una época en la cual solo se usaba el modo texto y que sin duda le faltan muchísimos pasos además de tener inexactitudes que expertos en la materia podrán criticar, es lo que realizaba un computador de entonces. Actualmente ya no se usa la ROM BIOS para los modos gráficos (aunque aún para el modo texto DOS), sino ciertos programas de fuentes gráficas. Pero aún así este ejemplo, a efectos de ilustrar este caso, nos revela con claridad que lo que para nosotros constituye tan solo una sencilla pulsación de la tecla con el símbolo "S", para la máquina involucra una enorme cantidad de información de procesos y datos. Y esta información es precisamente información de conocimiento insertado por los programadores del sistema operativo y en los demás programas de mayor nivel con objeto de realizar este proceso con el mínimo esfuerzo por parte del usuario. Esta es pues la "magia" de la tecnología; hacer lo que sería engorroso o sumamente complicado de una manera sencilla y con el mínimo conocimiento necesario para un usuario, transfiriendo casi todo el conocimiento al dispositivo que lo realiza.

En los primeros tiempos de la informática los programas eran sumamente complejos dado que los programadores tenían que programar con lenguajes de bajo nivel. Bajo nivel significa que el conocimiento necesario para programar era muy alto y prácticamente todos los procesos debían ser algorítmicamente diseñados. Con el tiempo, para facilitar este trabajo a los programadores, otros programadores crearon lenguajes de programación con grados de abstracción más altos de modo que lo que antes demandaba un algoritmo ahora se "abstraía" en un comando de un lenguaje de nivel superior. Así, por ejemplo, un lenguaje de alto nivel como el C recogía abstracciones, es decir, comandos, de un lenguaje de menor nivel como el ensamblador, y a su vez, el ensamblador recogía comandos que eran sendos algoritmos de un lenguaje de nivel inferior aún que era el lenguaje máquina del microprocesador (y aún queda el nivel de la circuitería lógica del microprocesador). De este modo conforme se crearon mas niveles de abstracción, y con ello lenguajes de más alto nivel, el conocimiento requerido para el proceso migró del programador al lenguaje de programación de mayor nivel.

Después de lo visto hasta aquí podemos establecer el papel del conocimiento como una información complementaria a la información de Shannon con respecto a la mera información física.

Entonces ¿Qué sucede cuando el conocimiento es cero y sólo tenemos que la información física es igual a la información de Shannon? ¿Esto significa que en este caso la información física carece de significado?

Definitivamente No. Lo que sucede es que desaparece todo significado para toda entidad o interprete con conciencia capaz de crear o reconocer convenios de comunicación arbitrarios. No obstante, aún queda un significado latente y veremos en seguida que la información siempre tiene significado, sino para alguien si para algo.

Capitulo 2

¿SE PUEDE PERDER LA INFORMACIÓN?

Para entender mejor lo que es la información es necesario conocer una definición cualitativa y no meramente cuantitativa de lo que es en realidad. En este sentido la cuantificación de la información de Shannon nos resulta sin duda útil, pero necesitamos una definición formal de información. Para este propósito voy a usar una definición de información que puede ser sin duda más general y englobar en su seno todos los tipos de información. Dicha definición es la siguiente:

La información es una configuración inmaterial expresada en una estructura material que es susceptible de ser interpretada para producir una respuesta. (1)

Esta es una definición general que engloba varios tipos de información incluidas la información física y la significativa. Por ahora nos detendremos en un tipo de información plenamente físico. Donde la fuente, el mensaje y el destinatario son agentes físicos. Por lo tanto todavía no trataremos la información significativa relativa a entidades inteligentes sin importar cuanto lo sean. Hay quienes cuestionan que la información física sea verdadera información lo cual sin duda es algo muy relativo a la definición de información que se considere. Sin embargo, la definición previamente señalada se puede aplicar a ambos tipos sin problemas.

Veamos un ejemplo de información física. Un simple fotón transmite información y ello se confirma en la respuesta que produce en el cambio orbital de un electrón del átomo al cual alcanza. Allí hubo una respuesta como resultado de una interpretación basada en las leyes de la física. De este modo casi cualquier elemento físico desde los objetos macroscópicos hasta las partículas subatómicas pueden afectar con su sola presencia a otros elementos, resultando así en un vehículo de información y, más propiamente, en expresión de información.

Si el universo fuese tan solo una nube de plasma uniforme, la información en el universo sería mínima. No es el caso de nuestro actual universo. El mismo está lleno de innumerables estructuras simples y sumamente complejas. Por lo tanto, si quisiéramos reproducir el universo de plasma uniforme con un sistema de cómputo no nos demandaría mucha información, pero con un universo complejo como el que conocemos nos demandaría una extraordinaria cantidad de información para ser descrito.

La respuesta y la interpretación, por lo tanto, pueden producirse indistintamente para transmisores y receptores que sean tanto conscientes como inconscientes. Si para los primeros la información se basa en convenios de comunicación inteligentemente creados, para los segundos se basa en convenios de comunicación ya creados que llamamos leyes de la física.

De lo que hemos visto, elementos como los fotones (la luz) o las perturbaciones de compresión del aire (el sonido) son útiles para interpretar a distancia cómo es el entorno y que sucede en él. Pero incluso los objetos materiales no móviles también son conductores de información y también produce una respuesta. Con mis ojos yo puedo ver que si sigo caminando voy a encontrar una pared con la cual chocar. Pero si soy ciego la luz no me dará la información de que el muro está allí hasta que yo choque con él.

De acuerdo a lo que hemos visto para los físicos la información está íntimamente ligada a la energía y por ende también a la materia. Recordemos la famosa equivalencia de Einstein E=MC^2 que especificaba que la energía presente en la materia es igual al doble de su energía cinética a la máxima velocidad a la cual un objeto material puede viajar, es decir, a la velocidad de la luz. De este modo donde hay materia hay información física. La siguiente historia reciente nos puede dar una mayor comprensión aún:

Los servicios de inteligencia de los EEUU usaron una muy ingeniosa tecnología para "oir", desde una gran distancia, las conversaciones que se realizaban en el interior de una habitación de la casa donde finalmente se halló a Bin Laden en Paquistán. No era posible instalar micrófonos y los supuestos sistemas de escucha de sonido no sirven en absoluto a grandes distancias de su fuente. De este modo debieron agudizar el ingenio para conseguir recoger de algún modo la información de audio de dicha habitación sin ningún dispositivo colocado en él. Como se vio en la definición, la información debe producir una respuesta en otros elementos físicos. Entonces si conseguimos detectar los patrones de dicha respuesta podremos hallar los patrones de la fuente.

Sabemos que la voz humana consiste en sonido el cual es una información expresada en una estructura de compresiones de aire que van a dispersarse por el entorno afectando a otros objetos materiales, es decir, objetos qué, si bien no interpretan el mensaje intelectivo humano, si interpretan el mensaje informativo físico. Uno de los objetos que es capaz de producir una respuesta ante la información acústica es el vidrio de una ventana.

Dicho vidrio vibra de acuerdo al sonido que le llega y su vibración será conforme el sonido recibido. Entonces lo que hay que hacer es recoger la información de las vibraciones del vidrio de la ventana de la habitación donde se encontraría posiblemente Bin Laden y convertir esta información vibratoria en sonido audible de nuevo a fin de escuchar las conversaciones realizadas en la misma y así poder tener mejor certeza si en verdad allí se encontraba el terrorista más buscado por EEUU.

Para poder recoger las vibraciones del vidrio usaron un rayo laser (posiblemente en longitud de onda infrarroja para no ser detectado) y un receptor adyacente al emisor que recogiera el reflejo del laser. De acuerdo a como vibre el vidrio, el rayo reflejado producirá proporcionales desviaciones del punto de reposo y así será posible registrar las vibraciones del vidrio de esta ventana a gran distancia. Luego con un software especial se haría la conversión de dicha información en su equivalente sonoro y así podrían escuchar las conversaciones de dicha habitación.

Como vemos en este caso, la información de audio no se perdió y dejo huellas en la respuesta interpretada por otro agente físico. Ahora bien ¿hasta adonde y hasta cuándo puede la información ser recuperada? o en otro caso ¿puede definitivamente perderse?

La paradoja de la información

En 1974 el físico británico Stephen Hawking sorprendió a la comunidad científica con un anuncio inesperado e inquietante que cuestionaba la inmutabilidad de la unitareidad de la física cuántica. Él, como experto en agujeros negros, anunció que la información de la materia que ingresa al interior del horizonte de sucesos de un agujero negro se pierde. De este modo los agujeros negros serían unos sumideros no solo de materia, sino también de la información que ella porta haciéndolos desaparecer del universo.

Un agujero negro se forma cuando una estrella masiva colapsa sobre sí misma y atrae toda su masa hacia un punto supermasivo llamado singularidad. Ahora bien, para todo cuerpo planetario o estelar un cuerpo cualquiera puede escapar de su campo gravitatorio y perderse en el espacio si supera cierta velocidad que se denomina velocidad de escape. De este modo, desde la escaza gravedad de un pequeño asteroide podría bastar un lanzamiento vigoroso de un astronauta para conseguir que una piedra nunca retorne al asteroide y se pierda en el espacio. Para la tierra tendría que lanzarla a 11.2 Km/seg. Desde la superficie del sol sería mucho mayor y desde cierta distancia de un agujero negro esta velocidad sería tan alta que se igualaría a la velocidad de la luz. Como consecuencia de esto ni siquiera la luz, en esta superficie límite alrededor del agujero negro y por debajo de ella, podrá escapar de la misma y así toda materia que ingrese a este límite ya no podrá recuperarse. Esta superficie límite es lo que se conoce como horizonte de sucesos.

Hawking descubrió además que los agujeros negros emiten una radiación (la llamada radiación Hawking) que implica qué, por muy masivo que sea el mismo, este terminará, después de un fabuloso lapso de tiempo, evaporándose y, por lo tanto, desapareciendo. Pero, como desmostraría Hawking, dicha evaporación no revela la información que quedó atrapada dentro de su horizonte de sucesos, es decir, la información que ingresa al límite que rodea al agujero negro donde la luz ya no puede escapar y el tiempo se detiene. Una vez atravesado este límite dicha información ya no puede recuperarse.

Esto último es lo que más inquietó a algunos físicos para los cuales cualquier perturbación de la una información se verá reflejada en las respuestas o reacciones que producirá en los agentes que alteran o generan de tal modo que la información nunca debería perderse. Esto es lo que pretendía decir el físico de la licuadora.

La doctora en astronomía argentina Carmen A. Nuñez es su artículo de CIENCIA HOY titulado "La paradoja de la pérdida de información en los agujeros negros" lo explica del siguiente modo:

"Supongamos que codificamos la información que hay en una enciclopedia en bits, así como una computadora almacena la información, en secuencias de ceros y unos. Si escaneamos la enciclopedia y guardamos la información en la computadora, al día siguiente podremos leerla sin inconvenientes en principio. Pero en mecánica cuántica la evolución temporal de un sistema lo hace cada vez más complicado. Los distintos bits de información están correlacionados y evolucionan con el tiempo de manera que no se puede conocer el estado de cada uno de ellos sin tener un conocimiento completo de todos. De manera que si queremos leer una enciclopedia cuántica al día siguiente de haberla codificado necesitamos una enorme cantidad de información. Esto no significa que no podamos leerla, que la información se destruye. Solo que se hace más y más difícil reconstruirla a medida que pasa el tiempo. Pero la información no se destruye. Esta es una premisa básica de la mecánica cuántica que se verifica experimentalmente en todos los procesos conocidos hasta el momento.

Aunque los procesos físicos pueden transformar la información contenida en un sistema y hacerla inaccesible en la práctica, en principio la información siempre se debe poder recuperar. Una analogía de esta afirmación sería: Si quemamos la Enciclopedia Británica o la Enciclopedia de la Real Academia Española, las llamas y las cenizas serán muy parecidas en los dos casos, pero en realidad hay diferencias sutiles: con suficiente inteligencia y tecnología avanzada debería ser posible descifrar el contenido de la enciclopedia observando las llamas y las cenizas". (2)

Definitivamente lo que pretenden decir la astrónoma Carmen A. Nuñez y Nikodem Poplawski (el físico que licuo un mensaje) podría ser básicamente cierto si consideramos tan solo información física. Para el físico británico Leonard Susskind la información no se pierde porque quedaría almacenada en el horizonte de sucesos y para el físico argentino Juan Martin Maldacena, mediante un razonamiento similar basado en la teoría de cuerdas, tampoco. Para el propio Stephen Hawking, después de 30 años de insistir en que dicha información si se pierde, finalmente afirmó en el año 2004 que la información física no se pierde, pero a diferencia de Susskind y Maldacena, para Hawking la solución a esta paradoja de la información estriba en que el contexto del problema debe ser ampliado al multiverso, haciendo de este modo que el problema local se vea aliviado si se juzga que dicha información, que puede parecer que se pierde localmente, no lo hace en realidad en un contexto de múltiples universos o universos nacientes de agujeros negros, los llamados "agujeros blancos". Esto último es también lo que propone Poplawski.

No todos los físicos están de acuerdo con estas soluciones. El físico británico Roger Penrose considera que Hawking tuvo razón durante los 30 años que sostuvo su paradoja. Él resume tres alternativas sobre la misma:

PÉRDIDA. La información se pierde irremediablemente cuando el agujero se evapora.

ALMACENAMIENTO. La información se almacena en la pepita final. Esta pepita sería un posible remanente, según lo que afirman algunos físicos, de lo que se conoce como Explosión de Hawking. Esta se produce en las etapas finales de la evaporación de un agujero negro cuando su temperatura se eleva conforme disminuye su tamaño con mayor velocidad cada vez. Llegado un punto se producirá una inestabilidad desbocada que terminará en una explosión donde la masa-energía del agujero se convertiría por completo y de forma instantánea en radiación. Para estos físicos, que repudian la idea de que la información pueda perderse, ésta pepita almacenaría la información remanente. Sobre esto Penrose afirma: "El problema es que resulta difícil ver cómo toda la información concerniente a los detalles de la materia que colapsó en el agujero – que podría haber sido en su origen un agujero negro de tamaño estelar o incluso galáctico antes de que la radiación térmica (y por consiguiente, prácticamente "libre de información") se llevase casi toda la masa del agujero – podría estar almacenada en dicho resto".

RETORNO. Toda la información se recupera en la explosión final.

Sobre estas tres posibilidades Penrose se pronuncia del siguiente modo:

"El lector podría preguntarse por qué la gente siente la necesidad de llegar hasta el ALMACENAMIENTO o el RETORNO, cuando parece que la alternativa más obvia es la PÉRDIDA. La razón es que la PÉRDIDA parece implicar una violación de la unitariedad. Si la filosofía de la mecánica cuántica de uno exige que la unitariedad sea inmutable, entonces uno está en dificultades con la PÉRDIDA. De ahí la popularidad entre muchos (y aparentemente la mayoría) de los físicos de partículas de las alternativas ALMACENAMIENTO o RETORNO, pese a la apariencia retorcida de las mismas.

Mi propia opinión es que la PÉRDIDA de la información es ciertamente la más probable. Un examen de la Fig. 30.14 transmite la imagen clara de que el material físico que colapsa cae simplemente a través del horizonte, llevando con él toda su "información", para ser finalmente destruido en la singularidad. Nada particular, de importancia física local, debería suceder en el horizonte. La materia ni siquiera "sabe" cuándo cruza el horizonte. Deberíamos tener en cuenta que podríamos estar considerando un agujero negro inicialmente muy grande, quizá como los agujeros que se cree habitan en los centros galácticos, que podría ser de un millón o más de masas solares. Cuando se cruza el horizonte no sucede nada en particular. La curvatura espacio temporal y la densidad de materia no es tan grande: tan solo del tipo que encontramos en nuestro propio sistema solar. Ni siquiera la localización del horizonte está determinada por consideraciones locales, puesto que la localización depende de cuánto material caiga posteriormente, entonces ¡el horizonte se habrá cruzado en realidad antes!

Creo que es inconcebible que, en el instante inmediatamente anterior a que se cruce el horizonte, se emita alguna señal al mundo externo que transmita fuera los detalles completos de toda la información contenida en el material que colapsa. De hecho, una simple señal no sería suficiente, puesto que el propio material es realmente, en cierto sentido, la "información" que a uno le interesa. Una vez que ha caído a través del horizonte, el material queda atrapado y es inevitablemente destruido en la propia singularidad".

"La situación con el ALMACENAMIENTO no es mucho mejor, si es que la hay. Incluso si la pepita se forma, no sirve realmente para nada, puesto que la "información" está encerrada para siempre, y me parece que es lo mismo que perderse. Si el único propósito de la pepita es "salvar la unitareidad", entonces habría que formular una QFT (Teoría cuántica de campos) consistente de pepitas, y hay varias dificultades para hacerlo. Tal como lo veo el razonamiento de Hawking nos ofrece un potente argumento por el que, de acuerdo con la PÉRDIDA, debe esperarse que la unitareidad sea simplemente violada en ciertas situaciones cuando la relatividad general entra en la imagen junto con los procesos mecanocuánticos". (3)

Probablemente la violación de la unitareidad no sea el único escrúpulo con el cual se repudia la perdida de información en un agujero negro. Quizás también tenga relación con otra paradoja o misterio que tiene relación con el origen de la información en el cosmos. Pero antes de tratar dicho tema tendremos que realizar un recorrido de carácter termodinámico sobre la información para tratar con este misterio y nuevamente volver al tema de los agujeros negros. Pero esto lo haremos en los próximos capítulos.

Capitulo 3

LA RELACION CAUSA EFECTO

Si una pelota se estrella contra una ventana no esperamos que ésta atraviese el vidrio sin romper el cristal. Sabemos que en nuestro mundo hay una saludable relación entre causa y efecto que nos permite retrodecir que el efecto (el vidrio roto) procede de una causa (la pelota estrellándose contra ella). O predecir que si una pelota se estrella contra el cristal de la ventana ésta se romperá o por lo menos se dañará, si esta reforzada o es suficientemente gruesa.

No estamos acostumbrados a ver ventanas que se rompen sin que ningún objeto las rompa o que la pelota atraviese el cristal sin romperlo. Esto violaría la relación causa efecto a la que estamos acostumbrados. Pero ¿Cómo funciona esta relación causa efecto?

Funciona por medio de información. Sin información no existirá esta relación. La causa producirá un efecto cuando el sistema responda conforme a su interpretación de las leyes de la física involucradas en la interacción. De este modo la masa de la pelota comunica la información de su momento (masa por velocidad) al cristal durante su contacto con el mismo y de acuerdo a la resistencia del cristal ésta responderá con una rotura que permitirá que la pelota atraviese la ventana o una deflexión elástica que hará que rebote la pelota de la misma.

En la figura siguiente tenemos 3 casos de relación causa-efecto. La primera es la que esperamos encontrar en nuestro universo (representado por el rectángulo). Y las casos 2 y 3 representan violaciones de la relación causa-efecto que podemos consideran anormales (o más bien podrían con justicia llamarse “paranormales”).

CASO 1 RELACIÓN CAUSA-EFECTO NATURAL

CASO 2 VIOLACIÓN DE LA RELACIÓN CAUSA-EFECTO POR GANANCIA

CASO 3 VIOLACIÓN DE LA RELACIÓN CAUSA-EFECTO POR PERDIDA

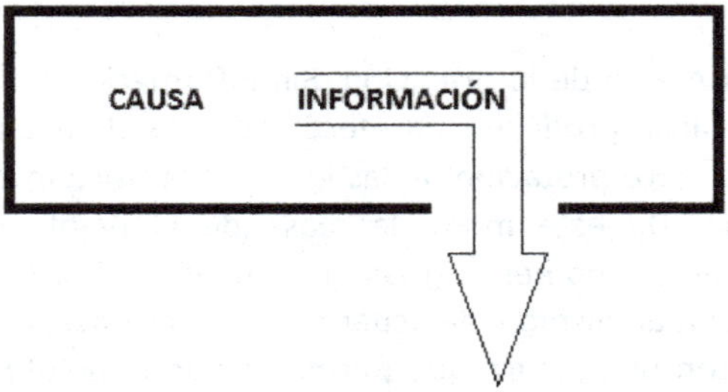

En el primer caso la información, con la plataforma física que la porta, ni aparece sin causa ni desaparece sin efecto. Es lo que consideramos debe suceder naturalmente y de hecho tanto la física clásica como la cuántica lo refrendan.

En el segundo caso tenemos un fenómeno físico que acontece misteriosamente como un efecto sin causa reconocible localmente. De algún modo misterioso la información no se origina en este universo o de un proceso natural del mismo, más bien viene de fuera.

En el tercer caso la información generada por la causa se pierde en algún sumidero de información de este universo y desaparece sin producir efectos.

La paradoja de la información de Stephen Hawking, que analizamos en el anterior capítulo, implicaba que la informacion física se pierde para siempre detrás del horizonte de sucesos de un agujero negro produciendo así una violación de la relación causa-efecto por pérdida de información tal como sucede en el tercer caso. Quizás ahora podemos comprender el estupor que causo este anuncio de Hawking en 1974. Él estaba diciendo que podemos tener una violación de la relación causa efecto en dirección de la perdida de información. Y, si esto puede suceder, ¿No se abriría la intrigante y también repudiable (para algunos físicos) posibilidad de que también existan casos donde algunos fenómenos en este universo pudieran ser fruto de una violación de la relación causa-efecto por ganancia de información? Y ¿Es posible que exista alguna evidencia en la historia cósmica de una violación de la relación causa efecto por ganancia?

Para poder responder esta pregunta tenemos que ahora hacer un recorrido rápido por las leyes de la termodinámica a fin de encontrar si existe semejante caso.

Para empezar este recorrido es conveniente definir primero qué es un sistema. Este podemos considerarlo como una parte de la naturaleza cuyo comportamiento, suponemos, es independiente del entorno que le rodea. Por ejemplo, una galaxia se puede considerar un sistema de estrellas, el conjunto Tierra – Luna es considerado un sistema de dos planetas, una célula se consideraría un sistema altamente organizado de moléculas orgánicas, etc. Que tan aislado del entorno este un sistema o que grado de orden u organización presente es lo que intentaremos establecer aquí. Para empezar, consideraremos 3 tipos de sistemas clasificados en función de su grado de aislamiento con relación al entorno:

Un sistema asilado es aquel que no recibe ninguna influencia externa, es decir, no hay intercambio de energía ni materia. Realmente en el universo, salvo este mismo, no puede hablarse de sistemas aislados en modo absoluto, aunque por simplicidad, despreciemos cualquier mínimo efecto externo. Un sistema cerrado, por otra parte, será un sistema en el que pueden haber intercambios de energía con el entorno, mas no de materia. Y por último, un sistema abierto es aquel que está expuesto a las influencias externas, y por tanto, si puede tener intercambios de energía y materia.

Veamos como ejemplo 3 envases, en el que por simplicidad ignoraremos el efecto de la gravedad.

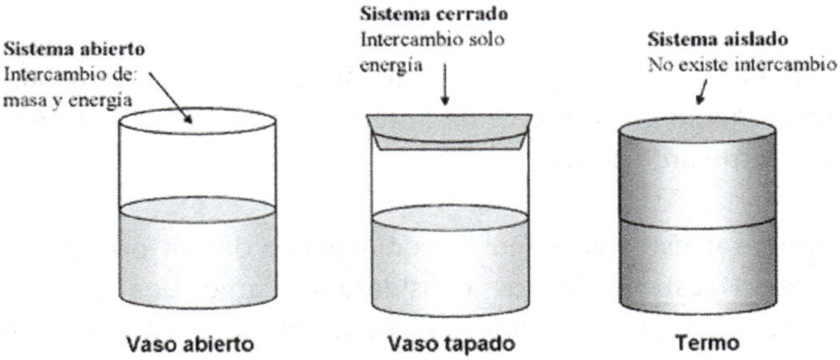

El primer envase, tal como podría ser una simple taza de café, tiene un contenido que se encuentra totalmente expuesto al intercambio de materia y energía con el entorno es, por ello, un ejemplo de sistema abierto. El segundo envase, como podría ser una botella de vidrio, tiene un contenido que si bien está cerrado, si puede intercambiar energía con el exterior en forma de radiación ya que sus paredes (incluso sin ser de vidrio) no permiten un aislamiento total. Este es entonces un sistema cerrado. Por último, el tercero es un envase termo cuyas herméticas paredes están diseñadas para aislar térmicamente el contenido de tal modo que la comida o bebida que contiene no pierda calor. No es perfecto en la práctica, pero para este caso lo consideraremos como un termo ideal totalmente aislante. Por esta razón, su contenido puede considerarse un ejemplo de sistema aislado, puesto que no hay intercambio ni de materia, ni de energía.

Vistos estos tres tipos de sistemas, consideremos ahora las leyes físicas que rigen su evolución con el transcurso del tiempo. Para lograrlo nos remitiremos a las 2 primeras leyes de la termodinámica. Hay muchas definiciones de estas leyes según las disciplinas en las que estas se aplican, para esta exposición emplearemos la más general posible.

La primera ley nos dice que la energía no se crea ni se destruye sino que solo se transforma y, por lo tanto, se conserva. No se ha perdido en un proceso dado, sino que se ha transformado en más de una forma de energía distinta siendo la suma de las energías posteriores iguales a la inicial. También implica que no podemos esperar realizar un trabajo que, requiriendo de una energía dada, se realice con una energía menor a la anterior, y extraer la diferencia de la nada. Para que un automóvil consiga recorrer 100 km. empleará un consumo de energía, para ello necesita bastecerse de una cantidad de gasolina que representa una cantidad determinada de energía química. En el proceso el automóvil transformara la energía química de la gasolina en energía cinética, pero no de una manera perfecta, ya que una cantidad de ella se transformará en energía térmica que se disipará al exterior sin reportar trabajo útil. Como vemos la energía química de la gasolina se transforma en la suma de dos formas de energía distinta; cinética y térmica. Se trata también de una igualdad, la energía cinética consumida no es mayor que la diferencia de la química menos la térmica. Esto significa que no podemos realizar el viaje con menos gasolina de la necesaria, ni sin ella de una manera mágica, la primera ley de la termodinámica nos lo prohíbe.

Este mismo ejemplo nos lleva directamente a la segunda ley en el sentido de que no podemos convertir el 100% de aquella primera forma de energía (la gasolina) en energía útil. Siempre existirá una disipación hacia energía no útil de tal manera que aunque la energía cinética se redimiera otra vez en gasolina (energía química) y se repitiera el proceso, nuevamente disminuiría la energía útil. Al final, al cabo de nuevos ciclos, como la pelota que rebota cada vez menos y finalmente se detiene, ya no existirá más capacidad de cambio. A la medida de la transformación en energía no útil producida, que habrá crecido hasta alcanzar su nivel máximo, se la llama entropía. Lo siguiente es la definición más general posible de la segunda ley:

La segunda ley de la termodinámica establece que en todo sistema aislado se produce espontáneamente una transformación del orden precedente en desorden. Este orden inicial es un desequilibrio y, por lo tanto, una energía libre que tenderá a transformarse en dirección al equilibrio. La energía útil se transforma en energía no útil. A la cuantía de dicha transformación se la conoce como entropía y como se desprende de la definición esta tiende a aumentar con el tiempo mientras que la energía libre (útil) tiende a disminuir. Dichos comportamientos están ilustrados en las siguientes gráficas:

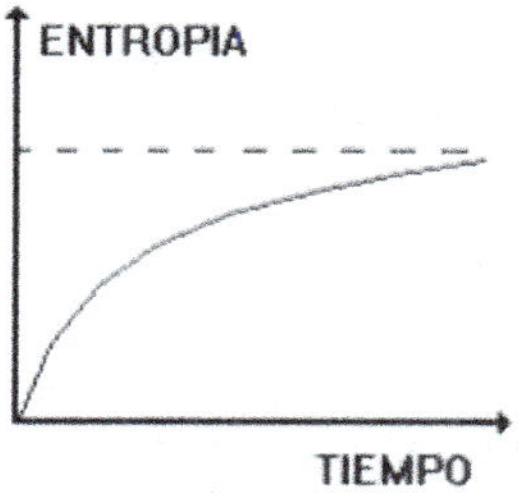

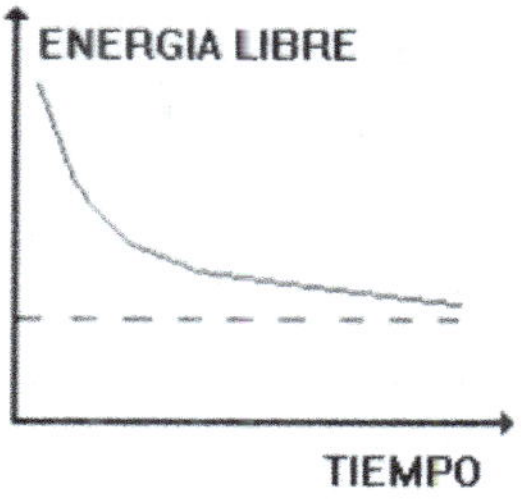

Pero en esta definición se habla de orden y en el párrafo no se mencionó en absoluto ¿En qué se relaciona entonces el orden con la segunda ley?

Responder a esto nos lleva a una definición termodinámica de orden.

En primer lugar es conveniente aclarar que no se trata de un orden subjetivo sino de un orden objetivo, es decir, físico. En un sistema cualquiera todo desequilibrio representa una heterogeneidad en la distribución de energía, como la que existe en dos cuerpos a distinta temperatura, esa concentración particular de la energía en determinadas partes del sistema es lo que constituye el orden. No confundir, por lo tanto, orden con "ordenado" o "homogéneo" ya que cuando aquí se habla de orden se refiere a una configuración particular cualquiera que puede ser absolutamente heterogénea.

Ahora bien, si se llega al equilibrio, como sucedería si la temperatura de los dos cuerpos llega a igualarse por contacto, ya no existirán zonas con mayor concentración de energía que otras y existirá entonces una homogénea distribución. Predomina ahora el desorden y, por tanto, reina el caos.

Tenemos entonces que la entropía termodinámica es una medida de la energía útil perdida en un sistema aislado por cambio de temperatura. Para ser más exactos la entropía termodinámica se mide en energía por temperatura (Julios/grados Kelvin).

¿Qué tiene esto que ver con la información?

Como sabemos la información se mide en bits y es adimensional mientras que la entropía termodinámica tiene las dimensiones que acabamos de precisar. Para entender cómo se relacionan tenemos que tener en cuenta una definición de información distinta a la de Shannon.

Esta información, que podemos llamar información física, resulta de la capacidad de describir el número de estados de un sistema. Imaginemos un simple indicador que puede estar encendido o apagado. Este sencillo mecanismo puede expresarse con un solo bit de información ya que basta con un 1 para indicar el estado encendido y un 0 para indicar el estado apagado.

Sin embargo, existen muchos sistemas con una cantidad de estados posibles mucho mayor y por ello requerirán para ser descritos muchos bits de información. Pero, para explicarlo del más sencillo modo posible, consideremos 2 casos distintos de distribución de información en un panel de 12 x 18 indicadores que pueden tener sólo dos estados: blanco o negro.

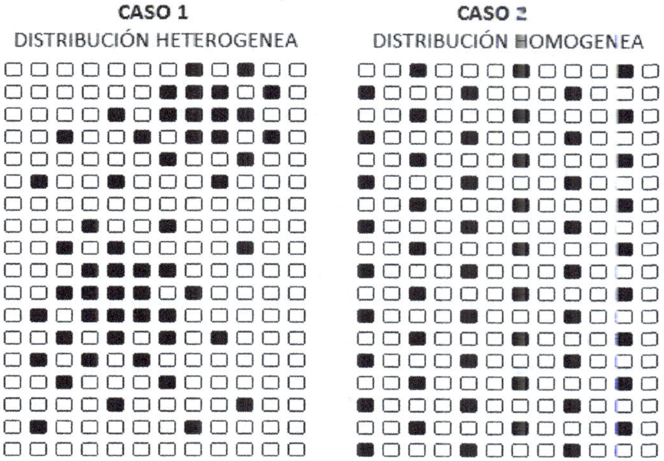

En el primer caso tenemos una distribución heterogénea muy similar a la que tendría un gas en desequilibrio termodinámico donde la energía útil existe en base a su heterogénea distribución. Allí vemos dos grumos de concentración de indicadores negros. Imaginemos que esto mismo sucede en un gas o en un metal con zonas más calientes que otras. De acuerdo a la segunda ley estos grumos de concentración de energía van desapareciendo y difuminándose en el sistema hasta llegar al segundo caso donde tenemos una distribución homogénea. Ya no hay diferencias de energía que puedan reportar energía útil pues desaparecieron los desequilibrios y ahora impera el equilibrio.

Ahora bien si analizamos ambos casos veremos que el primero tiene mucha más información de Shannon que el segundo porque en el primero, si recorremos secuencialmente cada indicador, tenemos gran incertidumbre para predecir qué estado tendrá cada indicador debido al alto grado de heterogeneidad del mismo. No sucede esto con el segundo caso donde nos basta un promedio para describir el estado homogéneo de este sistema y tenemos certidumbre de que valor tendrá cada indicador en el recorrido ya que se presentará en una secuencia constante en base a su uniformidad.

Otra forma de entenderlo es considerando lo que necesitamos para reproducir los tableros. Para hacerlo necesitamos un canal de Shannon. Este puede ser la voz, un papel, una onda portadora electromagnética u cualquier otro medio de comunicación. Si quisiéramos reproducir ambos tableros notaremos que la información necesaria para reproducirlos será mayor para el primero y mucho menor para el segundo porque este último puede reproducirse tan sólo ordenando la repetición de un patrón un determinado número de veces mediante un algoritmo.

Y la mínima capacidad, en información de Shannon, con la cual se puede realizar una descripción de un sistema mediante un algoritmo es lo que el matemático ruso A. N. Kolmogorov llamó complejidad algorítmica. Y como es obvio, el panel 1 tiene más de esta complejidad algorítmica que el panel 2 dado que es más difícil describirlo y, por ello, requiere más cantidad de información de Shannon que el panel 2 en su reproducción.

Sabiendo entonces que la información de Shannon del primero es mucho mayor de la del segundo, podremos cuantificar cual es la diferencia en información algorítmica entre ambos paneles y dicha diferencia será entonces la entropía informática del primero con respecto al segundo.

Ahora bien, una complejidad algorítmica implica que existe un sistema intérprete que puede computar el mismo a fin de reproducir o describir cada uno de los paneles. Este sistema de cómputo tiene asociada una cantidad de información que, en el capítulo 1, hemos identificado como *conocimiento*.

Sin embargo, esto tiene sentido para los sistemas artificiales más no para los sistemas naturales. En estos últimos no podemos invocar la presencia de sistemas intérpretes con conocimiento y complejidad algorítmica. Recordemos que Shannon era un ingeniero al que no le importaba la mera información física, lo que a él le importaba era calcular la información que pudiera ser codificada por el transmisor de la manera más eficaz y que esta información útil (la mínima necesaria) pudiese ser interpretada en la transmisión por el receptor. Al existir un sistema de interpretación involucrada en la información de Shannon ésta siempre se convertirá, por este hecho, en información significativa.

Se podría objetar esta última conclusión afirmando qué, en una transmisión de sonido, el oyente puede recibir un mensaje indescifrable al oír ruido sin significado y, por lo tanto, un canal de Shannon también transmitirá información no significativa, pero esto es erróneo porque aunque el sonido transmitido no sea significativo para un oyente humano o animal, si lo es para el propio sistema de transmisión ya que éste lo codifico y lo decodifico, y ello sin importar cómo lo hizo. Este hecho basta para distanciarlo de la información física.

Ahora bien, para entender mejor la diferencia entre la información física y la de Shannon volvamos al ejemplo de los paneles antes mostrados. Notaremos que si bien la información física es diferente en ambos paneles dado que representan imágenes distintas, no obstante, su cantidad de información física es igual para ambos casos dado que ambos tienen la misma capacidad para representar configuraciones distintas de indicadores. Como cada panel tiene 216 indicadores que sólo pueden estar encendidos o apagados podremos decir que la cantidad de información física de cada panel es la misma y es de 216 bits. Entonces:

Información física panel 1 = Información física panel 2

Sin embargo, no sucedió así con la información de Shannon qué, según hemos visto, era mucho mayor en el panel 1 que en el 2. Por lo tanto para este caso:

Información de Shannon panel 1 > Información de Shannon panel 2

Si aún no ha quedado clara esta distinción consideremos la imagen plasmada en la retina del ojo de un cazador en la selva de África. La capacidad de su retina ocular de recibir información física es una sola para cada imagen no importa cuál sea ésta. Pero sus descripciones orales de lo que ve pueden comunicar cantidades de información muy diferentes según su interpretación. Si ve un león acercarse podrá alertar su llegada a sus compañeros simplemente diciendo: "¡viene un león!". Esta es una información de audio ya codificada por el sistema intérprete (el cerebro) de la información visual de dicha retina. En este caso la información de esta última será información física y los fonemas expresados por el explorador para comunicar su alerta serán información de Shannon.

Por lo visto hasta aquí no debemos confundir, como sucede a veces, la información de Shannon como si fuese un caso de información natural o física distinta a la información significativa o, como también podría llamarse, información semántica. La información de Shannon es un artificio para la transmisión eficiente de información física transformándola por un proceso de evaluación probabilística o algorítmica en un formato de información muy inferior en cantidad que la física y al hacer esta simplificación para efectos de eficiencia en la transmisión se convierte, aunque solo lo sea para el sistema de transmisión, en información con significado.

Para encontrar entonces como la entropía termodinámica se relaciona con la entropía informática necesitamos explicar lo que es la **complejidad física** y como está matemáticamente relacionada con la **información física**. Vimos que en el panel existen 2^216 casos distintos de distribuciones de indicadores. Es pues ésta cantidad la complejidad física del panel. Esta complejidad, que no debe confundirse con la complejidad de Kolmogorov, consiste simplemente en el conjunto de todos los casos posibles que el sistema permite. Ya sea que nos refiramos a microestados, a un espacio de fases o un espacio de búsqueda según los casos. Por lo tanto, para el presente caso, y dado que podemos expresar la información en bits, tendremos la expresión siguiente:

$$\text{Complejidad} = 2^{\wedge \text{Información}}$$

O lo que implica también:

$$\text{Información} = \text{Log}_2(\text{Complejidad})$$

Para los que conocen la expresión de la entropía termodinámica de Boltzmann:

$$S = k\ \text{Log}_2(V)$$

Notarán el gran parecido de ambas expresiones. En esta última expresión la entropía termodinámica S es el equivalente de la información necesaria para describir la distribución de la energía en el sistema de tal modo que, a más información de Shannon se necesite para describir su distribución de energía, mayor será la energía útil por temperatura disponible para su disipación y, como se ve en la expresión de Boltzmann ésta también (por lógica) es proporcional al logaritmo del tamaño del sistema, es decir, de su complejidad física (llámese a esta microestados o espacio de fases) y está representado por la letra V. La letra k es la constante que descubrió Boltzmann y permite obtener el cálculo preciso de dicha entropía termodinámica.

Ahora, después de lo visto, cabe realizar la siguiente pregunta:

¿En un agujero negro que información es la que se pierde, la física o la de Shannon?

Dado que la información de Shannon es una subespecie de la información física se perderían ambas. No se pretende aquí zanjar la controversia científica sobre si esta pérdida de información física es real o no, pero, aunque los físicos Leonard Susskind y Gerard´t Hooft tuvieran razón al proponer que esta puede quedar, de alguna manera, grabado en el horizonte de sucesos de un agujero negro, si puede decirse con seguridad que la información de Shannon, que es un constructo artificial, no necesita, según veremos, de agujeros negros para perderse en el universo. Un universo donde, por cierto, no podemos movernos a través del tiempo como lo haríamos a través del espacio. No podemos viajar al pasado o al futuro a nuestro antojo, más bien vamos a una velocidad relativa a nuestra aceleración o gravedad que siempre nos lleva hacia el futuro.

¿Por qué?

De ello trataremos en el siguiente capítulo.

Capitulo 4

LA FLECHA DEL TIEMPO

Nuestro universo tiene algo especial, una cualidad particular que nos permite discriminar si un proceso evoluciona hacia el futuro o hacia el pasado. En principio, tanto desde la física clásica como desde la cuántica, a nivel microscópico no debería haber diferencia entre una predicción de la evolución de un sistema físico y la retrodicción del mismo ya que, cuando analizamos un proceso mecánico de partículas podemos, sabiendo las posiciones y momentos (masa x velocidad) de cada una de ellas, predecir cómo estarán dispuestas en un determinado momento futuro o pasado. Si pudiéramos ver una película de dicho proceso, sin duda no podríamos distinguir si la película va hacia adelante o hacia atrás. Sin embargo, cuando vemos una película de cuerpos macroscópicos en seguida podemos discriminar la dirección del tiempo ya que, si vemos que una jarra de cristal se recompone milagrosamente desde un amasijo de pedazos desperdigados, en seguida detectaremos que la película discurre al revés.

¿Por qué sucede esto?

Si nos detenemos a analizar las 2 leyes de la termodinámica desde el punto de vista de la información, enseguida podemos notar una aparente contradicción. Si bien la primera la ley nos habla de una igualdad donde la información NO DESAPARECE, sino que cambia para expresar nuevos tipos de energía y/o disposición de materia. La segunda ley, en cambio, nos habla de una desigualdad donde se nos dice que la información que describe la heterogeneidad de un sistema tiende A PERDERSE MAS NO A TRANFORMARSE siendo la entropía termodinámica una medida indirecta de la información perdida.

La explicación a esta aparente contradicción consiste en que la primera ley nos dice que la suma de energías se mantiene, lo cual implica que su información neta se conserva puesto que es información física. Como podemos recordar del capítulo anterior, para sistemas naturales la información física es solo la capacidad total de información necesaria para describir todos los estados posibles del sistema de acuerdo al número de sus elementos y sus respectivos grados de libertad. Los grados de libertad, para entender este concepto, significan todas las posibles formas que puede cambiar un elemento en el sistema. Por ejemplo los grados de libertad de un brazo robótico resultan de todas las formas que dicho brazo puede rotar y moverse. En un gas serían las direcciones espaciales hacían donde puede moverse cada partícula del gas y las componentes espaciales de sus momentos (masa por velocidad) a las que pueden proyectarse.

En la segunda ley no hablamos de mera información física, sino de aquella que está asociada a la distribución de energía ÚTIL. Por lo tanto se trata de una información que expresa los desequilibrios de un sistema y no es mera información física. De este modo la segunda ley determina que, para todo sistema aislado, dicha información, que llamaremos información disipativa, tiende a perderse más no a aparecer e incrementarse.

Si tenemos una barra de hierro con un extremo caliente y otro extremo frio. Existe un desequilibrio que tiende a disiparse. El calor de la parte caliente viajará a la parte más fría NO AL REVÉS. De este modo la información disipativa original tenderá a perderse más no a ganarse. Aquí como vemos se ha perdido toda la simetría temporal que puede considerar la mecánica clásica y cuántica. Ahora tenemos un curso asimétrico en el tiempo que discrimina el pasado del futuro y establece que la dirección que seguimos en la línea temporal es del pasado hacia el futuro y no del futuro al pasado. La segunda ley lo determina así tajantemente.

Esta famosa ley, que nace de los estudios de la termodinámica necesarios para entender lo que sucede en la máquina térmica estrella de la revolución industrial; la locomotora, hizo reflexionar a muchos físicos los cuales descubrieron que en ella había algo que trascendía a una simple ley técnica, hallando algo mucho más trascendente y de alcance cósmico.

Pensaron: Si el universo es un sistema aislado y la segunda ley nos dice que la entropía aumenta y en consecuencia los desequilibrios termodinámicos que hacen andar la maquinaria cósmica se están disipando, llegará, por lo tanto, un momento, cuando el propio universo agote su información disipativa llegando así a su muerte, a su muerte térmica.

El físico alemán Hermann von Helmholtz llego a esta sombria conclusión en 1856. Pero esto traía también otra consecuencia: Si el universo tiene un final, y de algún modo podemos cuantificar un valor finito para su entropía final, entonces debe tener también un principio. Esto es similar a un reloj mecánico que para poder funcionar necesita que se le de cuerda. Cuando se le da cuerda se acumula manualmente energía mecánica en un muelle del reloj que se disipa lenta y progresivamente con cada tic tac hasta que al final la energía útil es totalmente consumida y finalmente el reloj se detiene. Al darle cuerda también se le incorporó información disipativa y dicha información fue desapareciendo hasta agotarse totalmente. Esto sugiere las preguntas:

¿Cuándo se dio cuerda al reloj cósmico? y ¿Cuánta cuerda se le dio?

Hasta entrado el siglo XX muchos físicos, entre ellos destacadamente Albert Einstein, sostenían aún que el universo debía ser eterno y estático, es decir, ni se expande ni se contrae. Por ello cuando este físico presentó sus ecuaciones de campo de la relatividad general partió de la presuposición de que el universo debería ser una entidad estática y eterna que siempre existió y su tamaño no cambia. Para él el universo debería ser una grandiosa esfera simétrica y homogénea. Sin embargo, se daba cuenta de que sus ecuaciones de campo no decían eso, más bien indicaban que el universo se contraería hasta terminar en un colapso gravitatorio. Como este panorama violaba el dictado de sus prejuicios decidió añadir a sus ecuaciones una constante que pasaría a la fama como la constante cosmológica. La misma serviría para "sujetar" con una presión repulsiva a las galaxias de modo que compense la tendencia a la contracción y permita un universo estático.

Su constante, que luego de los descubrimientos de un universo en expansión realizados por Edwin Hubble consideraría el mayor error de su carrera científica, no quedo para el desperdició y en este sentido no fue un error, sino un impactante acierto que sería refrendado después de su muerte.

Lo que el astrónomo Edwin Hubble encontró es que las galaxias lejanas presentaban en sus espectros de emisión un corrimiento al rojo, y a más lejana estaba la galaxia el corrimiento era mayor. Dicho corrimiento es el efecto Doppler aplicado a la luz. Este efecto es el mismo que observamos con el sonido cuando un objeto como un tren se acerca o se aleja. Si se acerca las ondas de sonido se juntan aumentando su frecuencia y se oyen así un sonido más agujo. Cuando el tren se aleja las ondas de su sonido se distancian y por ello disminuye su frecuencia haciendo que el sonido se oiga más grave.

Aplicado esto a la luz hace qué, bajo el mismo principio, la luz de un objeto que se acerca tenga un espectro que se corra hacia el azul, que tiene mayor frecuencia, y un espectro que se corra al rojo, que tiene menor frecuencia, si se aleja. Esto significó que no solo el universo no se contrae o está estático, sino que este se expande y todo aquello que se expande a determinada velocidad a debido originalmente partir de un punto hace un determinado espacio de tiempo.

Este descubrimiento le dio a Hubble la oportunidad de calcular, aunque al principio con errores dado que tenía que calibrar adecuadamente la distancias de ciertos objetos astronómicos usados como referencia, cuál sería la edad actual del universo desde un principio donde toda la materia y energía confluyeron en un solo punto. Esta edad actualmente está estimada en unos 13,000 millones de años. De este modo se descubrió que nuestro reloj cósmico viene trabajando esta enorme cantidad de tiempo.

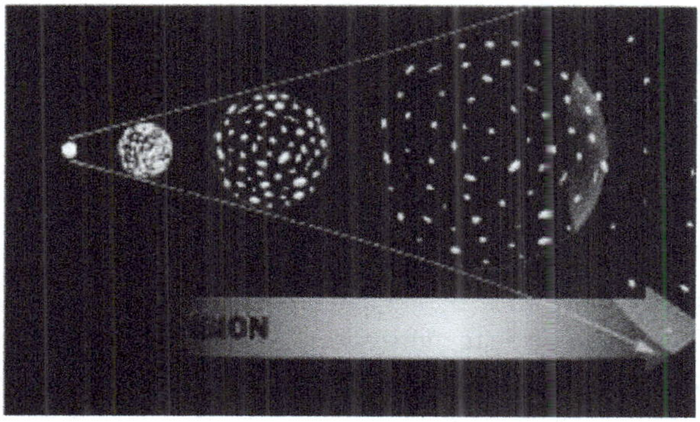

El descubrimiento de Hubble dio origen a una teoría conocida como el Big Bang o Gran Explosión. Un nombre por cierto inadecuado porque no se trata de una explosión que arroja material en un espacio preexistente, sino de un tiempo y espacio que crecen albergando energía y materia. Una anécdota cuenta que cuando el físico belga George Lamaitre presento esta tesis a Albert Einstein, él le dijo: "Sus cálculos son correctos, pero su conclusión abominable". Esta es pues una señal que nos advierte que hasta los más brillantes físicos, incluso en contra de lo que sus propios hallazgos dicen, pueden ser víctimas de sus propios prejuicios tal como también veremos en otros ilustres casos posteriormente.

Ahora bien, si tenemos idea de la antigüedad del universo ¿Podríamos tener idea de cuál es la magnitud de su entropía total y en este sentido, cuál es la magnitud de la información disipativa con la cual se le dio "cuerda" al universo en su origen?

Sí, y para ello debemos volver a los agujeros negros.

Habíamos visto que un agujero negro es un sumidero de materia qué, en la medida que adquiere más masa, acumula también más entropía. Los físicos Jacob. D. Bekenstein y Stephen Hawking lograron establecer cómo medir la entropía de un agujero negro con su fórmula Bekenstein-Hawking:

$$S_{BH}=kc\text{^}3A/4G\hbar$$

Donde k es la constante de Boltzmann, C la velocidad de la luz, A el área del horizonte sucesos del agujero negro (es decir, el área de la esfera que delimita este horizonte), G la constante de gravitación universal de Newton y $\hbar$ la constante de Plank.

Lo impactante del caso es que lograron una simplificación tal de dicha expresión que quedo finalmente que la entropía de un agujero negro es proporcional a la cuarta parte del área de su horizonte de sucesos, es decir:

$$S_{BH}=A/4$$

Entonces si podemos calcular de algún modo cual es la masa de todo el universo y suponer que el mismo se encierra bajo el horizonte de sucesos de un supermasivo agujero negro, entonces el cuarto del área de dicho horizonte de sucesos será la medida de la entropía total del universo. Dichos cálculos dan como resultado que la entropía del universo es del orden de 2.6 +- 0.3 x 10 elevado a la 122 (Para una visión detallada de este cálculo ver la referencia 4). Roger Penrose lo redondea en 10^123. Un número asombrosamente grande considerando que el número de protones de todo el universo se estima en unos 10^80 unidades.

Pero esto solo concierne a la información. El volumen del espacio de fases (lo que en un capítulo anterior identifique con la complejidad física, es decir, todos los casos posibles permitidos en el sistema) es aún muchísimo mayor. Concretamente es:

V= 10^10 ^123

¿Y qué? Preguntarán algunos, ¿Qué nos dice esa cifra?. Nos dice que la probabilidad de encontrar el caso necesario y eficiente para que el Big Bang haya producido un universo como el que observamos es del orden de 1 en 10^10^123 dado que la probabilidad de que se presente un caso concreto en este enorme volumen del espacio de fases es:

P=1/V

El físico británico Roger Penrose lo señala del siguiente modo:

"Podemos imaginar al creador tratando de utilizar una aguja para localizar este minúsculo punto en el espacio de fases y poner en marcha el universo de modo que se parezca al que conocemos hoy". "Si el creador se equivocase en lo más mínimo al señalar este punto y hundiera la aguja de forma efectivamente aleatoria en la región de máxima entropía, entonces el resultado sería un universo inhabitable". (2)

Esto nos lleva a hacer preguntas del máximo interés:

¿Qué produce esta alta especialidad? ¿De dónde salió la información disipativa relativa a este enorme espacio de fases? ¿Tenemos que considerar que en el principio de los tiempos hubo una violación de la relación causa-efecto por ganancia? ¿Tiene esto una explicación naturalista o nos lleva a considerar un escenario aún más grande? ¿La entidad de donde proviene esta información es algo, es decir, un fenómeno físico más, o hay evidencia para concluir que debe ser alguien?

Todas estas interrogantes nos llevan a plantear diversas propuestas sobre cómo pudo surgir el universo y el origen de su información disipativa.

Capitulo 5

NEGENTROPÍA. LA ORGANIZACIÓN DEL DESORDEN

En el anterior capítulo se trató la gran asimetría temporal que conocemos como flecha del tiempo, es decir, la evidencia clara de que ciertos procesos en nuestro universo no son simétricos con respecto al tiempo, sino que sólo se desarrollan en un sentido temporal del pasado al futuro y no de modo inverso. Vimos también qué a un nivel microscópico, al nivel de las partículas elementales, resulta más difícil detectar la flecha del tiempo que en los procesos que involucran a los objetos macroscópicos.

¿Por qué sucede esto?

¿Qué particularidad tienen estos procesos que los diferencian de aquellos que poseen simetría temporal?

¿Por qué no vivimos en un universo donde el pasado es indistinguible del futuro?

¿Podríamos nosotros, seres conscientes, vivir en un universo así?

Cuando vemos la "película" de lo que sucede en nuestro universo de acuerdo a la segunda ley de la termodinámica, vemos que el orden de un sistema, entiéndase una heterogénea organización de la distribución de la materia o energía en el sistema, se transforma, con el transcurso del tiempo, en desorden y, por lo tanto, en una homogénea organización de las mismas. Si pasáramos esta "película" al revés, veríamos, por el contrario, que de la homogeneidad surge una organización heterogénea, surgen desequilibrios y con ello orden desde un aleatorio caos.

Sin embargo, hay que notar un hecho muy curioso y alarmante, y es que esta representación "al revés" de nuestra "película" termodinámica también acontece en nuestro mundo en fragrante conflicto con los dictados de la segunda ley. Cuando observamos nuestro mundo vemos que hay sendas violaciones a la segunda ley a nuestro alrededor. Los seres vivientes son un caso relevante al conseguir organizarse para sobrevivir, reproducirse y adaptarse a nuevos entornos ambientales. Ello no es lo que la segunda ley ordena que suceda. Por otra parte están también las creaciones de los seres vivientes y en especial las creaciones humanas altamente sofisticadas. Continuamente se fabrican y construyen maquinarias y edificios imponentes y que, de ser dejados a su suerte, sufrirán con dirección al futuro la degradación y destrucción por influjo de la segunda ley. Pero, sin embargo, siguen apareciendo.

¿Es que acaso la segunda ley no se aplica a los seres vivientes y a sus creaciones? ¿Qué es lo que pasa aquí?

Una pequeña parte de la respuesta está en lo que se conoce como Principio de compensación de la entropía:

A un sistema no aislado puede aplicarse uno o más sistemas asociados en los que su incremento de entropía compense la disminución del sistema inicial.

Dicho en otras palabras, si me he quedado sin azúcar para endulzar el café le pido prestado a mi vecino. Sin embargo, si bien ahora he conseguido disfrutar de un dulce café, el sistema 'yo y mi vecino' tendrá menos azúcar que antes.

Es por tanto, el hecho de que los sistemas implicados no sean cerrados, y por ello pueda haber intercambios de energía (difusiones), lo que permite (no explica) la aparición de orden. Evidentemente los suministros de energía para conseguir la aparición de orden y por lo tanto de desequilibrios, provienen a su vez de otros desequilibrios. Es natural reconocer que si en nuestro planeta existe la vida y la aparición de diversas estructuras es porque vivimos en las cercanías de un gran desequilibrio termodinámico, el sol. Gracias a él, existe la suficiente energía útil para hacer esto posible.

Pero, sin embargo, como toda producción de orden consume energía, se cumplirá que, aunque la tomemos de otros sistemas, en el conjunto seguirá aumentando el desorden, si bien localmente no sea así. La segunda ley se seguirá cumpliendo, por tanto, impecablemente. Hasta aquí concluimos qué, lejos del equilibrio termodinámico y en virtud del principio de compensación de la entropía, la segunda ley no prohíbe la aparición de orden para sistemas abiertos e incluso cerrados, pero si lo prohíbe tajantemente para los sistemas aislados.

De acuerdo a esto los sistemas no aislados al interior de nuestro universo tienen una permeabilidad que les permite conectarse a otros sistemas que, a su vez, en conjunto pueden considerarse un sistema aislado y cumplirse con normalidad la segunda ley.

En el siguiente gráfico se ilustra esto último.

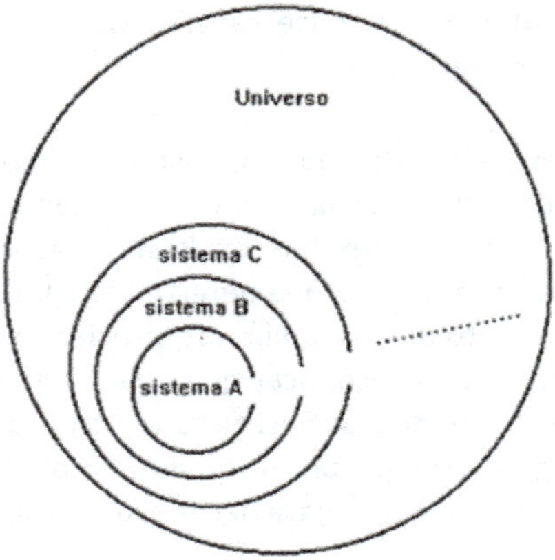

Según se observa, si consideramos a todos los sistemas en conjunto, llegaremos a un sistema total que si es aislado, el propio universo, y por ello, a gran escala, se cumple el aumento de desorden de tal modo que, llegado el momento en que desaparezca todo desequilibrio termodinámico, se llegaría a lo que se conoce como 'muerte térmica del universo' o desaparición final de toda energía útil y su respectiva información disipativa.

Ahora bien ¿Este principio lo explica todo y es suficiente para explicar esta superación local de la segunda ley?

No. El Principio de compensación de la entropía permite superar los dictados de la segunda ley al **posibilitar** termodinámicamente la emergencia de orden, pero no **explica** dicho orden. Y ello porque se necesita algo mas importante para que esto sea posible. Necesitamos el concurso de la organización y ello demanda la presencia de información prescriptiva.

Decir que el Principio de Compensación de la Entropía puede hacer surgir la vida, sus obras o incluso el universo, como veremos luego, es como decir que donde hay agua líquida debe haber vida, y es verdad que el agua líquida posibilita la vida, pero no la explica. También sería semejante a decir que donde hay gasolina hay automóviles. Es verdad que la gasolina posibilita la presencia de automóviles, pero no explica los automóviles. En todos los casos necesitamos cantidades ingentes de información prescriptiva.

Ahora bien, si admitimos que el principio de compensación de la entropía posibilita energéticamente la superación de los dictados de la segunda ley por parte de la misma vida y los productos de la vida inteligente, ¿No asalta esto nuestra perspicacia para admitir que en nuestro universo hay un agente que si puede contravenir a la segunda ley y que esta no es otra que la inteligencia?

Nadie puede negar que la inteligencia sea negentrópica. Este término "Negentropía" significa "entropía negativa" y es una forma sofisticada de expresar una palabra más conocida y contundente: "Organización". Sabemos perfectamente que la inteligencia es capaz de organizar la materia y la energía para estructurarla de diversas maneras en contra de los dictados de la segunda ley.

No podríamos, por lo tanto, vivir en un universo donde el pasado es indistinguible del futuro ya que para ello debería este carecer de toda organización. En un plasma homogéneo no existirían desequilibrios ni en consecuencia información disipativa que implique organización. Y en este escenario sería imposible la emergencia de entidades organizadas con niveles de abstracción superiores a la mera mecanicidad natural.

¿No deberíamos concluir entonces que si las creaciones humanas y las de algunos animales son negentrópicas por influjo de la inteligencia, no puede la misma vida e incluso el propio universo en su origen ser frutos también de la inteligencia?

Para los naturalistas estas extrapolaciones son terribles porque para ellos es natural la extravagante idea de que el escritor es producto de la escritura y no la escritura producto del escritor.

Por supuesto un naturalista puede admitir que las creaciones humanas y de algunos animales sean efectivamente negentrópicas por el concurso de la inteligencia, pero de allí a admitir que la vida también lo sea se negaran en redondo apelando a que proceden de categorías de diferente naturaleza y por lo tanto no sujetas a extrapolación.

Sin embargo, no hay sustento real a semejante escapatoria. Las mismas leyes, como veremos a continuación se cumplen para ambos casos.

Pero, ¿Por qué la inteligencia es un agente organizador y capaz de superar la segunda ley?

Volvamos a la flecha del tiempo.

Quedo sin respuesta cual era la particularidad especial que tenían los procesos irreversibles de los reversibles en el tiempo. Pues dicha particularidad surge cuando consideramos la organización de conjuntos de elementos y no de elementos aislados. Dicha organización surge por efecto de la información organizacional necesaria para que los cuerpos macroscópicos sean organizaciones particulares de los objetos microscópicos. Estas organizaciones son de hecho abstracciones. La flecha del tiempo existe porque la naturaleza no presenta tan solo un nivel único de abstracción, sino varios niveles y por ende no solo contiene información física, sino también información prescriptiva organizacional.

La flecha del tiempo tiene, por lo tanto, relación con el sentido de flujo de dicha información organizacional en las abstracciones superiores del universo y no trabaja al nivel de la información física de sus partículas elementales.

Consideremos por ejemplo, una tasa de porcelana, podemos definirla como un sistema de partículas cohesionadas en una disposición especial (la forma de la tasa). Ahora debemos distinguir dos cosas; el conjunto (la tasa), y un solo elemento (una molécula de porcelana). Esta última se encuentra atrapada entre otras moléculas de porcelana a causa de sus mutuos enlaces. No obstante, podemos aplicar la reversibilidad de la mecánica de Newton para ella sola sin ningún problema, lo que no podemos es aplicar dicha reversibilidad para el conjunto (la estructura).

Es pues el conjunto lo que no es reversible en el tiempo porque solo tiene sentido la existencia de orden para el contexto de una pluralidad de elementos, más no para uno sólo en particular.

En el caso de un agujero negro, ya sea que se pierda o no la información física, si podemos establecer que la información organizacional se perderá por causa de los dictados de la segunda ley. ¿Y qué diremos ahora del experimento de la licuadora donde Poplawski escribe una nota en un papel y la licua junto con la fruta para finalmente decir que la información sigue allí? Después de todo lo visto hasta aquí podemos concluir que Poplawski solo tiene razón en cuanto a la información física más está equivocado en cuanto a la información organizacional. Escribir una nota implica abstracciones basadas en símbolos expresados en trazos de tinta en el papel. Desde el momento en que intervienen abstracciones trascendemos la mera información física y esta información que implica abstracciones si se pierde. Cuando el físico de ésta historia enciende la licuadora el papel queda triturado en muy pequeños pedazos, incluso es posible que la misma tinta se desprenda de cada fragmento de papel. Si el sistema se reduce a mera configuración de partículas de información física podemos decir aún que el proceso pueda retrotraerse para reconstruir el pasado en cuanto a su sistema de partículas inicial, pero no su organización abstracta. La segunda ley, que como vimos establece una flecha del tiempo definida desde el pasado al futuro, no permitirá reconstruir la información organizacional, es decir, las abstracciones de la nota porque esta misma ley está diciendo que esta información debe perderse y no aparecer. Por lo tanto, **si bien para la primera ley la información física no se perdió, para la segunda ley la información organizacional sí.**

¿Y que tiene esto que ver con la inteligencia?

Aquí es conveniente definir brevemente que es la conciencia, la inteligencia y el conocimiento y cómo están relacionados.

Un sistema consciente es capaz de reaccionar a la información que recibe de acuerdo a convenios de comunicación que constituyen conocimiento. Esta es capaz de aprehender, en base a la experiencia sensorial, cuales son las reglas de causa efecto del mundo de su percepción y así elaborar un modelo de conocimiento que le de la facultad de saber elegir y elaborar planes de acción. Estas características son las que precisamente constituyen la inteligencia. La inteligencia es pues el grado de conciencia que implica la capacidad de interpretar dicha información recibida (o percibida) para reaccionar de acuerdo al conocimiento almacenado en este sistema. Por lo tanto, si una entidad inteligente prescribe abstracciones estas abstracciones son rastro ineludible de inteligencia ya que los procesos naturales no pueden crear abstracciones (esto se demostrará en el siguiente capítulo). Y recordemos que una abstracción es un conjunto y disposición particular de elementos que contiene un convenio de comunicación, es decir, tiene un significado.

Y ahora cabe preguntar: ¿Cuál es el origen de la información prescriptiva? ¿Puede desarrollarla la naturaleza por si sola?

Como para los naturalistas no es agradable la idea de que la inteligencia sea el agente clave del origen del cosmos y del origen de la vida junto con su incremento de complejidad, dicha prerrogativa ha impulsado a muchos investigadores a buscar procesos que puedan producir auto-organización, y para ello, han requerido investigar esta posibilidad en el estudio de la termodinámica del no equilibrio donde prevalece precisamente el principio de compensación de la entropía.

Como fruto de esta investigación se han propuesto varios procesos en los cuales aparece cierto orden y organización. Estos van desde la física de plasmas, pasando por el láser y así, hasta los relojes químicos y las reacciones mágicas como la famosa reacción Belousov-Zhabotinsky (BZ) en las que aparecen figuras espirales y colores definidos.

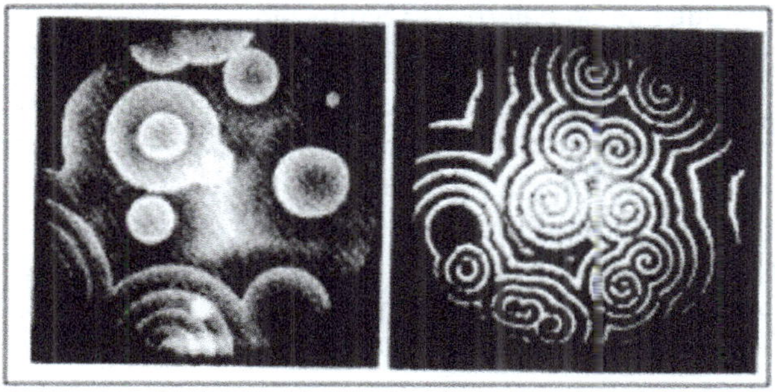

¿Cuál es la esperanza de estas investigaciones? Puede decirse que pretenden validar científicamente la factibilidad de que la vida sea un producto de la auto-organización de la materia.

Ello es importante si se quieren abordar explicaciones sostenibles de formación de vida desde precursores prebióticos, además de dar cobertura a la tesis evolutiva fundamental: el incremento de complejidad orgánica en los seres vivientes con el concurso del tiempo, el azar y la selección natural darwiniana.

Además de los esfuerzos de los físicos y matemáticos se han sumado los de los bioquímicos. Estos durante décadas han realizado distintas vías de investigación para hallar rutas de síntesis de precursores de la vida. Desde los coacervados de Oparin y las micro-esferas de Fox, pasando por el mundo de ARN, y la síntesis del silicio hasta las investigaciones más actuales sobre el origen de la vida, el buscado puente entre la materia inorgánica y la materia orgánica viva aún no ha sido cruzado.

¿Por qué? ¿No se tratará simplemente de un problema solucionable con más investigación como presupone la mayoría o será, más bien, que existe algún error fundamental en el método de abordar este problema que aún no quiere ser reconocido?

Si los métodos matemáticos y bioquímicos con los cuales se aborda el origen de la vida están equivocados, entonces, los investigadores que usan dichos métodos, nunca tendrán éxito en semejante empresa, seguirán especulando y proponiendo nuevas tesis y teorías que al fin y al cabo terminarán fracasando irremisiblemente sin importar los miles de años que duren sus tentativas.

En el fondo la respuesta puede ser tan insultantemente sencilla como, al mismo tiempo, filosóficamente aborrecible para la gran mayoría de los implicados en esta investigación. Para exponerlo analicemos el siguiente ejemplo:

Tenemos un mapa topográfico de un territorio irregular con montañas, valles, lagos y costa. Si deseo predecir por donde se pueden producir cursos fluviales por efecto del desbordamiento de lagos o la excesiva pluviosidad, el mapa nos servirá para predecir matemáticamente, en función de la localización de las fuentes fluviales y la orografía del terreno, por qué trayectorias el agua se desbordará y difundirá hasta la costa. Incluso puedo calcular en qué puntos de dicha costa llegaran al mar dichos cursos de agua. Sin embargo, ¿Me servirán el mapa y mis conocimientos y métodos matemáticos para evaluar el curso y trayectoria de un sistema de canales artificiales? Definitivamente no.

Los canales artificiales forman parte de una estructura funcional, es decir, que cumple una función, y no de un sistema complejo natural. Sus trayectorias obedecen a criterios de optimización de coste, longitud, u otros criterios y están en función de ciertos objetivos. Por lo tanto, sus métodos y matemáticas son del todo diferentes. No obedecen a la lógica del terreno, sino que superarán los desniveles con acueductos y los obstáculos orográficos con túneles si es preciso, es decir, lo solucionan con el concurso de la inteligencia.

Los trabajos científicos sobre casos de auto-organización en sistemas naturales son sumamente interesantes y útiles para el avance de la ciencia. Sin embargo, hasta ahora naufragan irremisiblemente en presentar símiles verosímiles de sistemas tan complejos como un sistema vivo.

Ilya Prigogine, ganador del Premio Nobel por sus trabajos de la termodinámica del no equilibrio y famoso por su Teoría de las

Estructuras Disipativas, evaluó esta situación en una conferencia pronunciada en el fórum filosófico de la UNESCO en 1995 al decir:

"Pero todavía queda mucho por hacer, tanto en matemáticas no lineales como en investigación experimental, antes de que podamos describir la evolución de sistemas complejos fuera de ***ciertas situaciones sencillas****. Los retos aquí son considerables. En particular,* ***es necesario superar el actual desfase en nuestra comprensión entre las estructuras físico-químicas complejas y los organismos vivos por simples que estos sean****" (Énfasis en negrita añadido).*

¿Cuál es el problema aquí? ¿No será que este desfase consiste en pretender conseguir un símil del más simple ser biológico cometiendo un error metodológico al tratar de abordar el análisis de una estructura funcional con los elementos de análisis propios de un sistema natural no funcional? Es decir, ¿No estamos abordando la trayectoria de un canal con los métodos y matemáticas que necesitaríamos para abordar la trayectoria de un río natural?

Pues siendo así estaríamos condenados al fracaso. En base a esto ni Prigogine, ni otros deberían albergar ninguna esperanza de superar el "actual desfase" entre las estructuras físico-químicas y los organismos vivos por simples que estos sean. Y esto porque la vida pertenecería a la categoría de estructura funcional.

A esta afirmación muchos replicaran horrorizados que esta es una herejía científica. La vida es, según estos, no un artefacto, sino un sistema natural no funcional, complejo sí, aparenta ser diseñado sí, pero no es ni un diseño, ni un artefacto, es decir, no es una estructura funcional.

Además, ¿No sería esta una conclusión a posteriori, es decir, no estamos partiendo acaso de una presuposición de que la vida es una artefacto para concluir que los métodos matemáticos y bioquímicos con los cuales se aborda su síntesis están condenados al fracaso?

Y decir que el fracaso de esta investigación prueba que la vida es una estructura funcional ¿No podría ser una falaz interpretación?

¿No existe acaso un mecanismo darwiniano mediante el cual el concurso de las mutaciones, la selección natural y la información del entorno son capaces de crear información prescriptiva funcional?

Este tema lo trataremos en el siguiente capítulo.

Capitulo 6

¿ES LA VIDA TAMBIÉN FRUTO DE LA INTELIGENCIA?

En el anterior capítulo se trató cómo en sistemas abiertos e incluso cerrados, más no aislados, el principio de compensación de la entropía posibilita que la inteligencia pueda organizar los sistemas en dirección contraria a los dictados de la segunda ley.

No importa si estas organizaciones son violentadas con desastres naturales o el simple deterioro, mientras existan entidades inteligentes con el propósito de reconstruirlas, ya sean humanos, castores, termitas u hormigas, estas resurgirán. En todo caso queda absolutamente claro este hecho para toda creación de seres inteligentes. Ahora cabe entonces preguntar ¿Es la misma vida, y no sus creaciones, también fruto de la inteligencia o es fruto de una auto-organización de la materia?

Sabemos que la inteligencia no es el único agente que puede organizar un sistema no aislado. El Nobel de Física Ilya Prigogine estudió cómo pueden organizarse, por medio de atractores naturales en sistemas alejados del equilibrio termodinámico, ciertos sistema que él llamo "estructuras disipativas". En la visión de este investigador se encontraba la esperanza de superar el desfase entre estos sistemas autoorganizativos y la vida más sencilla. Sin embargo, él mismo, en el foro de la UNESCO de 1995, tuvo que admitir que aún se está muy lejos de encontrar dicha respuesta. Pero, como bien sabemos, la ausencia de prueba no es prueba de ausencia, por lo tanto, si no se halla aún una solución no significa que no pueda hallarse en el futuro a no ser que pueda demostrarse fuera de toda duda que tal desfase es una imposibilidad y no un problema posible pendiente de resolver.

Si para Ilya Prigogine sus esfuerzos iban encaminados a encontrar las leyes naturales que permitieran la emergencia natural de la vida por medios estrictamente naturales, de modo tal que pueda surgir la información funcional prescriptiva necesaria para organizar un ser viviente o cualquiera de sus más pequeñas o elementales funciones, para Charles Darwin y William Wallace en el siglo XIX existía un mecanismo qué, si bien no llegaba al alcance de explicar el origen de la vida, si podría explicar el origen de la emergencia de nueva información funcional biológica desde vida ya existente.

Por ello, para el naturalismo evolutivo, que cree que la complejidad funcional de la biología es un fenómeno de emergencia natural, afirma, en líneas generales, lo siguiente:

La información prescriptiva necesaria para organizar funciones biológicas es originada por una resonancia (sintonía) de la información del entorno aplicada por la selección natural darwiniana sobre las entidades biológicas.

Dicho de otra manera esta información, que nos debe decir CÓMO deben organizarse los componentes de un mecanismo con función biológica, debe venir de algún lado. Y para el naturalismo, dado que no existen ningún ente cuya inteligencia pueda prescribirla, debe surgir de del entorno y es escrita en los seres vivientes por la selección natural.

Cabe preguntar ¿Es esto plausible o siquiera posible?

Es totalmente cierto que la selección natural filtra a los seres cuyas funciones resultan más adaptadas al entorno, pero, y esto es muy importante preguntar, ¿El entorno también especifica CÓMO se deben construir?

Existen dos posibilidades para la emergencia de la complejidad funcional biológica:

1. Por injerencia de una fuente inteligente que prescriba información arbitraria funcional.

2. Por procesos de prueba y error sucesivos que estén sujetos a la selección natural.

Como para el naturalismo la primera opción es rechazada analicemos la segunda.

Sabemos que la morfología está prescrita por un programa informático que se halla presente en el ADN de cada célula. Este es en toda regla un algoritmo o más bien un grupo de algoritmos interrelacionados con la suficiente capacidad para prescribir la funcionalidad necesaria para garantizar la supervivencia del ser viviente, pero sin embargo, no agota aquí su plasticidad ya que permite jugar con un grupo de parámetros qué, seleccionados dentro de un conjunto preexistente de alelos de acuerdo con la variabilidad genética o generados por mutaciones, pueden prescribir funciones y morfologías más ajustadas a la óptima tasa de supervivencia con respecto a los cambios del entorno. Estos parámetros que existen tanto en el genoma y en el epigenoma (los intensificadores que regulan los genes pleiotrópicos, es decir, los que se expresan en más de una fase durante el desarrollo embrionario) son capaces de producir estos convenientes cambios adaptativos durante muchas generaciones o incluso en una sola generación por efecto de alguna mutación en un gen de célula germinal. Cuando estas mutaciones acontecen en genes que prescriben funciones y estructura, son deletéreos y causan trastornos importantes e incluso la muerte. No sucede así con un grupo de genes o intensificadores que si son capaces de mutar sin producir trastornos produciendo así nuevas oportunidades de adaptación.

Como vemos hay en la evolución biológica mecanismos naturales que funcionan efectivamente para producir cambios adaptativos. Hasta aquí posiblemente todos estaremos de acuerdo. Sigamos.

En todo algoritmo, incluidos los biológicos, existen tres tipos de elementos:

1. Estructurales 2. Funcionales 3. Paramétricos

Todo algoritmo cuando es computado produce una salida, expresión o desarrollo que está determinado por estos 3 tipos de elementos. Ahora bien, si queremos alterar aleatoriamente los valores de los elementos de cualquiera de estos tipos para ver que pasa sucederá lo siguiente (añado ejemplos para mayor claridad):

1. Si cambiamos un elemento estructural podemos abortar el desarrollo o expresión aunque los elementos funcionales y paramétricos sean adecuados. Si por ejemplo tenemos el siguiente algoritmo: A=7;B=3;C=A+Bx6 donde los elementos estructurales son los símbolos separadores de instrucción ";" y asignadores de valor "=". Si alteramos la estructura del siguiente modo: A=7;B%3;C=A+Bx6 nótese que B no tiene valor porque el símbolo se asignación igual (=) ha sido cambiado por un símbolo erróneo (%). Por lo tanto, el cálculo de C ya no es posible. Surgiría un error de sintaxis.

2. Si cambiamos un elemento funcional no abortamos el desarrollo o expresión, pero cambiaremos la función aunque los parámetros sean adecuados. En el mismo algoritmo: A=7;B=3;C=A+3x6 los elementos funcionales son los símbolos "+" y "x" si alteramos uno de ellos como en el caso: A=7;B=3;C=A-Bx6 la función cambió y ahora C=-11. Si fuera: A=7;B=3;C=A+B+6 entonces C=16

3. Si cambiamos un elemento paramétrico no abortamos el desarrollo o expresión ni cambiamos la función, pero las expresiones o desarrollos serán diferentes con respecto a otro juego de parámetros. Nuevamente para el mismo algoritmo un caso de cambio de parámetros sería el siguiente: A=4;B=3;C=A+Bx6 entonces C=22. Aquí ni abortó el programa ni cambió su función simplemente funcionó para un nuevo juego de parámetros.

Los genes, intensificadores, transcritos de ARN u otros elementos presentes en el algoritmo bioquímico celular nunca deben verse como miembros de un mismo grupo de elementos, sino como constituyentes de estos 3 tipos de elementos y en consecuencia sus mutaciones producirán distintos efectos en la prescripción de una función o forma biológica.

Esto nos lleva a establecer que si cambiamos un elemento de cualquiera de estos 3 tipos no tendrá el mismo resultado si alteramos un elemento estructural, funcional o paramétrico.

De acuerdo a algunos textos de biología la evolución biológica puede clasificarse en 3 tipos de evolución. La definición de los mismos es aproximadamente la siguiente:

La microevolución comprende cambios producidos dentro de una especie que no resultan en variaciones radicales de morfología y dan origen a nuevas razas.

La macroevolución implica cambios morfológicos que sumados a la especiación generan nuevas especies dentro de un genero o familia. Este tipo de evolución no implica cambios estructurales radicales constituyentes en nuevos órganos o planes de diseño funcional nuevos, sino más bien en cambios morfológicos más avanzados que los microevolutivos.

La megaevolución en cambio implica la aparición de grupos taxonómicos superiores, es decir, planes de diseño animal radicalmente diferentes.

Ahora bien ¿Estos tres agentes no podrían definir matemáticamente a los tres tipos de evolución antes aludidos? O dicho de otro modo ¿No podría la microevolución basarse en cambios paramétricos del genoma, la macroevolución basarse en cambios de función de desarrollo morfológico a través de cambios paramétricos en el epigenoma, y la megaevolución basarse en cambios y adiciones en la zona estructural del genoma?

Para responder a estas preguntas debemos antes analizar, de acuerdo a lo que hemos visto antes, dónde se generan estos cambios o, dicho de otra forma, **si se producen sobre elementos paramétricos, funcionales o estructurales.**

Recordemos que la cadena de ADN es una compleja secuencia de varios elementos de los cuales los más destacados responsables son los genes codificadores de las proteínas y ARNs, como también, como más adelante veremos, las zonas reguladoras.

Todos los seres de una misma especie comparten una mayoría importante de información común, lo cual es lógico porque es la necesaria para su operatividad y desarrollo estructural, y otra parte más pequeña que concierne a la zona paramétrica de la cual resulta la variabilidad morfológica hallada entre los seres de una misma especie. A este tipo de información variable se la conoce como "variabilidad genética". ¿Cómo surge en una especie este reservorio de variabilidad? Veamos como lo explica Francisco J. Ayala en su artículo "Mecanismos de la evolución":

"Parece claro, por tanto, que frente a la concepción de Darwin, la mayoría de la variabilidad genética existente en las poblaciones no surge en cada generación por mutaciones nuevas, sino por la reordenación mediante recombinación de las mutaciones acumuladas con anterioridad. Aunque la mutación sea la causa última de la variabilidad genética, constituye un suceso relativamente raro. Suponiendo únicamente algunas gotas de alelos nuevos en el depósito mucho más grande de la variabilidad genética almacenada La recombinación es en realidad suficiente por sí sola para permitir a una población que exponga la variabilidad escondida durante muchas generaciones, sin necesidad de un nuevo aporte genético mediante la mutación".(1)

Como vemos es la recombinación, más no la mutación, el verdadero motor de la adaptabilidad de las especies al entorno. Las mutaciones, en cambio, contribuirán al aumento de la variabilidad genética en la medida de que estas se produzcan en la zona paramétrica del genoma o en la funcional (epigenoma) más no en la zona estructural donde los mutantes serán inviables como resulta en la inmensa mayoría de casos.

Para entender mejor este proceso analicemos la siguiente figura:

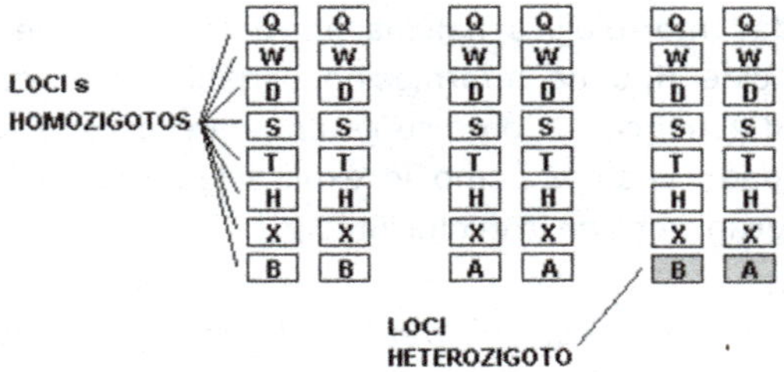

En ella vemos representados 3 sectores cromosómicos de 3 seres distintos de una misma especie. En ellos cada letra del alfabeto representa un gen específico. Al conjunto de todos estos genes posibles se les denominan alelos. Notamos que cada ser dispone de un par de genes para cada posición específica de un gen llamada loci, y ello, además de aportar una redundancia en la medida qué, sí se nos estropea un gen tendremos otra copia de repuesto, también permite la recombinación genética de los genes del padre con los genes de la madre, de tal modo que se barajen como un grupo de naipes para combinar los distintos caracteres de los progenitores en los seres con reproducción sexual. Imaginemos que el genoma de la especie hipotética representada tuviera sólo los 8 loci mostrados y que, además, todas las letras del alfabeto son alelos posibles para ellos. Esto nos indicaría qué, para cada especie, existen muchos más genes distintos (alelos) que locis en su genoma. Esto significa que, por ejemplo, para un loci determinado que contiene el gen que codifica una proteína reguladora, existen varios otros candidatos a suplantarle. Pero esto no sucede en todos los casos. Notemos que en la figura todos los loci salvo el último, tienen pares de genes iguales y en el último se pueden dar tres casos: que los dos sean el alelo A, que los dos sean el alelo B o que uno tenga el alelo B y el otro el alelo A. Cuando los alelos de un mismo loci son iguales tendremos entonces lo que se llama homozigosis y si son diferentes tendremos una heterozigosis.

Por último, en el ejemplo vemos que gran parte de los loci son homozigoticos y, por lo tanto, constantes en todos los seres de una misma especie. Aquí no opera la variabilidad genética porque ellos representan la parte estructural y operativa esencial y cualquier mutación sería dañina. Más un grupo pequeño de ellos si son heterozigoticos, y es en ellos donde trabaja la variabilidad genética que es la parte paramétrica del genoma.

Veamos ahora un caso con cambio funcional que se encuadra como ejemplo de evolución macroevolutiva. Se trata de un pez espinoso llamado Gasterosteus aculeatus. Este pez tiene tres radios espinosos dorsales. Dependiendo de dónde viven y de cuál es el depredador más amenazador de dicho hábitat, estos peces pueden adoptar dos formas: Los espinosos de aguas profundas desarrollan una aleta pelviana espinosa en el abdomen que dificulta que los engulla un pez de gran tamaño; los espinosos de aguas poco profundas han perdido la aleta pelviana, con lo que resulta más difícil que se les adhieran las larvas de insectos que habitan en el fondo y se alimentan de la cría de los peces.

Cada uno de estos peces tiene un gen llamado Pitx1 que está involucrado en el desarrollo morfológico y funcional de varias estructuras importantes de sus cuerpos. Esta capacidad de un gen de poder participar en varias fases de desarrollo se denomina pleiotropía. Esta funciona del siguiente modo: Cada gen pleiotrópico tiene un juego de intensificadores. Estos son zonas del ADN que no codifican ninguna proteína y, por lo tanto, no forman parte del genoma y por dicha razón se denomina a esta zona EPIGENOMA que significa "más allá del genoma". Estas zonas de regulación hacen la función de interruptores para definir en qué fase se activará o inhibirá la expresión del gen pleiotrópico. Si un intensificador sufriera una mutación lo único que afectará será la fase que controla el mismo más no las otras fases controladas por los demás intensificadores. La epigenética en realidad añade un nuevo e importante actor para la adaptabilidad de los seres vivos y su capacidad de cambio morfológico.

En el caso del pez Gasterosteus aculeatus su gen Pitx1 es precisamente un gen pleiotrópico que tiene varios intensificadores para varias fase de expresión durante el desarrollo embriológico. De este modo cada fase de desarrollo estructural será invocada por un intensificador específico y, como resulta obvio, existe un intensificador específico para el desarrollo de la aleta pelviana espinosa. En el caso de los peces de aguas poco profundas, dicho intensificador ha sufrido una mutación dañina que impide que estos desarrollen dicha aleta. El gen Pitx1 no sufre ninguna mutación y funciona normalmente para el resto de estructuras que involucra. Este ejemplo muestra como cambios no genómicos pueden tener importantes efectos adaptativos y de paso, ponen en relieve la enorme importancia de los intensificadores en el desarrollo morfológico de los seres vivos.

Otro caso macroevolutivo importante que perfectamente puede ser explicado por este mecanismo es el caso de la evolución de los equinos. Estos desde el mioceno a la actualidad han perdido paulatinamente los 4 dedos de las patas anteriores y las 3 de las posteriores hasta los dos o más bien un dedo prominente que constituye el casco del caballo actual. Este es muy probablemente otro caso de macroevolución por supresión de función ósea.

Cabe ahora preguntar ¿Estos ejemplos de macroevolución son una vía a la mega evolución biológica?

En el siguiente gráfico podemos analizar mejor el caso en cuestión antes de definir que se necesita realmente para un cambio megaevolutivo.

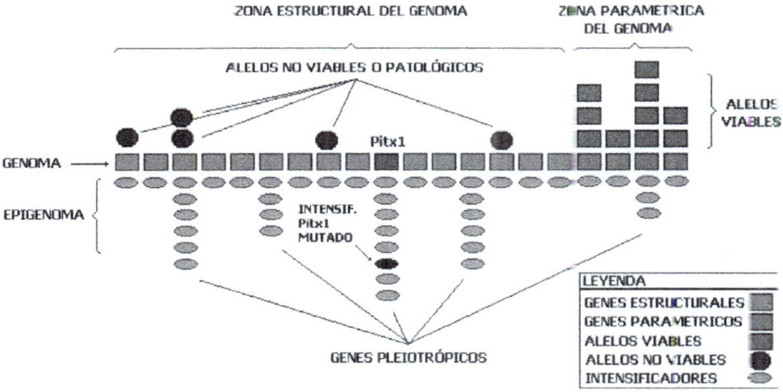

Las zonas del ADN que expresan los genes llamada genoma solo suponen un 1.5% a 2% del mismo. Existen otras zonas con otras funciones importantes. Y para la expresión pleiotrópica de ciertos genes están las zonas intensificadoras. En el gráfico se muestran los genes del genoma que expresan la estructura mediante cuadros celestes y los que expresan los parámetros con un color turquesa.

En la parte superior se han colocado algunos genes alternativos (los llamados alelos) y se puede observar que los mismos son escasos en la parte estructural (óvalos azules) y numerosos en la parte paramétrica (cuadros verdes). Esto se debe a que los alelos estructurales productos de mutaciones son en su gran mayoría, salvo casos como la anemia falciforme, letales o patológicos y no son favorecidos por la selección natural. Sin embargo no sucede esto con los paramétricos que si pueden incrementarse y proporcionan mayor potencial adaptativo.

Para cada gen existe por lo menos una zona de regulación (óvalos naranjas) y para los pleiotrópicos varias zonas (los intensificadores). Esto implica que el epigenoma ofrece posibilidades de cambio morfológico más radicales que los que proporciona la variabilidad genética dado que puede afectar al proceso de desarrollo estructural del ser viviente como es el caso de la aleta pelviana del pez Gasterosteus aculeatus por causa de la mutación inactivadora de un intensificador del gen Pixt1.

Sin embargo, aunque sin duda este fenómeno proporciona un mayor margen de cambio morfológico al proceso evolutivo, no llega a constituirse en megaevolución porque no implica una novedad en la reorganización funcional del genoma estructural.

Ahora bien ¿Sería posible, sobre la base de estos mecanismos, que pudiera surgir un nuevo intensificador que confiera una nueva fase a la expresión de un gen especifico y así generar una nueva función o característica?

Sean B. Carroll, Benjamin Prud'homme y Nicolas Gompel del Instituto Médico Howard Hughes en su artículo "La regulación de la evolución" dicen al respecto:

"A pesar de que tendemos a pensar que lo presencia de una característica en una especie y su ausencia en otra emparentada con ella indica su adquisición por la primera, no siempre acontece. ***Antes bien, lo habitual es que la evolución dé marcha atrás y se pierda algún rasgo".*** *Y luego concluyen:* ***"La perdida de características corporales ofrece quizás el ejemplo más claro de que la evolución de los intensificadores es el mecanismo más probable de la evolución anatómica".*** *(Énfasis en negrita añadido)(2)*

Analicemos esto. En primer lugar se admite que en la mayoría de los casos los cambios resultan de pérdidas de caracteres, lo cual no nos debe extrañar porque para todo artefacto es inmensamente más probable estropearlo que arreglarlo con una alteración aleatoria de su estructura. No obstante, como vimos en el caso del pez espinoso algunos cambios resultan adaptativos y por ello beneficiosos.

De acuerdo a lo que hemos visto, podemos decir que el motor de la microevolución; los cambios paramétricos, si permiten una evolución (adaptación) en muchos casos. El motor de la macroevolución; los cambios funcionales, también producen evolución aunque en un menor número de casos ya que no todas la supresiones funcionales son biológicamente viables. Sin embargo, cuando nos toca hablar del motor de la megaevolución, es decir, los cambios estructurales, entonces el juego se acabó.

Si se ignora esta distinción de elementos y sus consecuencias ante una alteración o novedad, se puede tener la cobertura mental para creer que la selección natural puede producir nueva complejidad estructural y funcional. Sin embargo, la realidad es diferente. Existen estos tres tipos y sus tres distintas consecuencias ante el cambio.

¿Qué tipo de elemento necesitamos de forma ineludiblemente para construir nueva complejidad estructural y funcional? Para responder esta pregunta hay que absolver estas:

¿Puede existir un algoritmo con sólo parámetros? No. Sería una colección de datos más no un algoritmo.

¿Puede existir un algoritmo con sólo funciones y parámetros? No. Sería una ecuación matemática más no un algoritmo.

Entonces concluimos que resulta ineludible contar con los elementos estructurales para formar un algoritmo que sea capaz de producir un desarrollo o expresión. Ello sucede porque para que un algoritmo sea computable necesita de elementos que prescriban el orden, la iteración y los nodos de decisión necesarios para cumplir el desarrollo o expresión buscados.

Entonces ahora hay que preguntar lo siguiente:

¿Puede una colección de elementos paramétricos biológicos surgir de una fuente natural aleatoria y por medio de la selección natural prescribir los desarrollos más adaptados? Sí. Y ello está científicamente demostrado tal como se aprecia en la microevolución.

¿Puede una colección de elementos funcionales biológicos surgir de una fuente natural aleatoria y por medio de la selección natural prescribir los desarrollos mas adaptados? Es posible que en algunos casos se produzcan desarrollos viables y adaptativos y en otros desarrollos no viables y no adaptativos. Muchos de estos últimos pueden ser deletéreos y determinar la muerte o una mínima tasa de sobrevivencia. Con todo, para los casos viables de reducción de función de factores epigenéticos esto tiene capacidad macroevolutiva.

¿Puede una colección de elementos estructurales biológicos surgir de una fuente natural aleatoria y por medio de la selección natural prescribir los desarrollos más adaptados tal como lo demanda la megaevolución biológica? No. Aquí está la llaga que separa el Diseño Inteligente del naturalismo evolutivo sea este propuesto por el Neodarwinismo o cualquier tercera vía que pretenda salvar el naturalismo. Y no se trata, como se nos acusa con frecuencia, de intentar absolver preocupaciones apologéticas religiosas o darle más trabajo al creador. Concuerdo con los evoteistas que si la naturaleza se bastara por sí sola, según ellos creen, para explicar sin problemas la megaevolución, esto no causaría ningún problema apologético ni debería poner en crisis a los creyentes a creer en Dios. Ese no es el punto. Si el DI afirma que tenemos que reconocer, nos guste o no, una intervención de la inteligencia tanto en el origen como en algunos (no en todos) hitos de la historia de la vida, no es por fastidiar el naturalismo metodológico o servir a visiones religiosas, es porque el mismo encuentra elementos claros y plenamente discernibles de que la naturaleza NO PUEDE HACERLO y que la VIDA SI TIENE INDICADORES CLAROS DE DISEÑO.

Sabemos que las cosas se hacen con 3 cosas: materiales, energía y una información prescriptiva dedicada a organizar las partes o el proceso de elaboración o fabricación. Sabemos que sin el último participante de nada nos sirven los materiales y la energía. Sin embargo, los naturalistas nos dicen que lo que no sucede en nuestro macromundo mecánico si puede suceder en el micromundo químico con el concurso de mucho tiempo y selección natural. De algún modo este micromundo químico tendría una misteriosa propiedad que permitiría una emergencia natural de información prescriptiva que no se da en el macromundo mecánico. De este modo nos queda definir si esta misteriosa propiedad existe en la realidad o solo existe en la imaginación de los naturalistas.

Antes de continuar recordemos que su convicción descansa en gran medida en su proposición a posteriori de que no existe ninguna fuente inteligente para la información prescriptiva necesaria para el mundo biológico. De ser así es ineludible que este micromundo químico deba de algún modo tener esta propiedad. Esto los lleva a una abducción (partir de una conclusión para luego tratar de demostrarla) más no en una deducción (partiendo de la evidencia llegar a una conclusión) de las verdaderas posibilidades del mundo real.

Hemos visto que en el mundo real la selección natural puede afectar a la biología de manera diferente según qué tipo de elemento se altere o innove, y hemos visto que cuándo nos toca alterar o pretender innovar un elemento estructural, una selección de datos aleatorios no nos sirve, aunque si hubiera resultado en mayor medida para los parámetros y en menor medida para las funciones.

Para poder construir un algoritmo que construya una función biológica o cualquier otra cosa no podemos alterar aleatoriamente su secuencia de proceso sin destruir el desarrollo de dicha función. Tampoco podemos construir un algoritmo aún con los parámetros precisos y las expresiones funcionales correctas con datos estructurales ordenados al azar. Nunca funcionará porque la selección natural no puede seleccionar lo que no funciona dado que no es adaptativo, sino deletéreo.

Quizás para conseguir entender con claridad lo tratado hasta aquí baste el siguiente ejemplo:

En un supermercado tenemos una gran variedad de productos que han sido fabricados. Estos productos tienen parámetros de producción, funciones de uso e información prescriptiva de fabricación. Serían estos los símiles de los seres vivientes. El público se comportaría como la acción del entorno y la selección natural ya que preferirán los productos más aptos, es decir, para este caso lo productos cuyos parámetros de producción sean los más atractivos para el público y cuyas funciones sean las necesitadas por el mismo. De acuerdo a las preferencias del público (el equivalente de la selección natural) se elegirán ciertas marcas en preferencia a otras. Algunos productos serán replanteados y otros saldrán del mercado por el influjo selectivo del público. De este modo vemos que en un mercado existe una "evolución" de los productos ya que estos efectivamente cambian con el tiempo. Pero, he aquí la gran pregunta:

¿Prescribe el público la información prescriptiva de fabricación de los productos a sus fabricantes?

No. Pueden prescribir que parámetros son más óptimos a los fabricantes, he incluso si determinadas funciones o usos realizados por dichos productos pueden ser más apreciados, pero de allí a prescribir como se fabrican no sucede jamás, ni en este macromundo mecánico ni en el micromundo químico ni en el mundo de nunca jamás, y ello porque tanto en la selección mercantil como en la selección natural no existe ninguna capacidad para prescribir información de organización estructural, es decir la algorítmica de fabricación y/o generación.

Ningún cliente va a mercado y le dice al vendedor "Mira aquí te traigo el diagrama esquemático de los circuitos impresos así como la lista de los dispositivos electrónicos que debes usar para ensamblar este dispositivo que quiero comprar" o un señora va a la farmacia y le dice al farmacéutico: "Esta es la lista de las sustancias químicas y el flujograma de procesos que debes realizar para fabricar este fármaco". Los clientes no prescriben cómo se fabrican los productos a los fabricantes, ellos solo elijen el producto que mas desean o creen conveniente.

El físico británico Roger Penrose en su libro "La mente nueva del emperador" detecta esta misma dificultad. En las páginas 368 y 369 bajo el subtitulo: "¿SELECCIÓN NATURAL DE ALGORITMOS?" dice lo siguiente:

"Imaginemos un programa ordinario de computadora. ¿Cómo llegó a formarse? Es evidente que no (directamente) por selección natural. Algún programador humano de computadoras lo habrá concebido, verificando que realiza correctamente las acciones que se supone debe hacer. (En realidad, muchos programas de computadora complicados contienen errores —normalmente menores, pero a menudo muy sutiles y que no salen a la luz excepto en circunstancias muy poco comunes. La presencia de tales errores no afecta medularmente a mi argumento.) A veces un programa de computadora puede haber sido "escrito" por otro programa, digamos un programa de computadora "maestro", pero en tal caso el propio programa maestro habrá sido el producto del ingenio y la intuición humanos; o el programa podría perfectamente ensamblarse a partir de ingredientes, algunos de los cuales son los productos de otros programas de computadora. Pero en todos los casos la validez y la misma concepción del programa habrá sido en última instancia responsabilidad de (al menos) una conciencia humana.

Podemos imaginar, por supuesto, que no es necesario que haya sido así y que, dado el tiempo suficiente, el programa de computadora pudo haber evolucionado espontáneamente por algún proceso de selección natural. Si creemos que las acciones de las conciencias de los programadores de computadoras son en sí mismas simples algoritmos, entonces debemos creer que los algoritmos han evolucionado de esta misma forma. Lo que me molesta de esto, sin embargo, es que la decisión sobre la validez de un algoritmo no es en sí misma un proceso algorítmico. Ya hemos visto algo de esto en el capítulo II. (La cuestión de si una máquina de Turing se parará o no, es un punto que no puede decidirse algorítmicamente.) Para decidir si un algoritmo funcionará o no, necesitamos perspicacia, y no sólo otro algoritmo.

De todas formas, aun sería posible imaginar algún tipo de proceso de selección natural que fuera efectivo para producir algoritmos aproximadamente válidos. Sin embargo, yo personalmente encuentro esto muy difícil de creer. ***Cualquier proceso de selección natural de este tipo actuaría sólo sobre el output de los algoritmos* y no directamente sobre las ideas inherentes a los algoritmos. Esto no sólo es extremadamente ineficiente; creo que sería totalmente impracticable. En primer lugar, no es fácil verificar cuál es realmente un algoritmo mediante un simple examen de su output. (Sería bastante sencillo construir dos acciones simples y muy diferentes de máquina de Turing para las que las cintas de salida no difieran hasta, digamos, el lugar de 2 elevado a 65536, diferencia que no se podría reconocer en toda la historia del Universo.) Además, la más ligera "mutación" de un algoritmo —por ejemplo, un pequeño cambio en la especificación de una máquina de Turing o en su cinta de input—podría hacerla totalmente inútil, y es difícil ver siquiera cómo de esta forma aleatoria podrían aparecer mejoras reales en los algoritmos. (Incluso las mejoras deliberadas son difíciles sin que estén disponibles los "significados". Esto se confirma por los casos no poco frecuentes en los que un Programa de computadora complicado y mal documentado necesita ser alterado o corregido y***

el programador original se ha marchado o quizá ha muerto. Antes que tratar de desentrañar todos los diversos significados e intenciones de los que el programa depende explícitamente, probablemente sea más fácil desecharlo sin más y empezar todo de nuevo.)" *Énfasis en negrita añadido.(8)*

Sé de primera mano cuan cierto es lo último que refiere Penrose, pero lo importante es notar cómo este físico británico, cuya mente no es en absoluto desdeñable, reconoce enfáticamente que la selección actúa sobre el output y en consecuencia no puede en absoluto prescribir el propio algoritmo.

El entorno, con el concurso de la selección natural y toda la eternidad si fuese preciso, no puede prescribir información prescriptiva para la organización algorítmica de la más mínima función biológica.

Los biólogos teóricos David L Abel y Jack T Trevors en su artículo "Tres subconjuntos de secuencias complejas y su relevancia para la información biopolimerica" escriben sobre las posibilidades de que la algorítmica biológica sea fruto de procesos dinámicos de autoorganización natural:

"Los fenómenos de autoorganización se observan diariamente de acuerdo con la teoría del caos. Pero en ningún caso conocido pueden autoorganizarse fenómenos como los huracanes, los montones de arena, la cristalización, o ser capaces de producir fractales de organización algorítmica. ***Una autoorganización algorítmica nunca ha sido observada a pesar de numerosas publicaciones que han hecho mal uso del término. La organización siempre surge de la elección contingente, no de la necesidad o de la oportunidad de contingencia.***

*La reducción de la incertidumbre (mal llamada "entropía mutua") no puede medir la información prescriptiva (información que específicamente informa o da instrucciones).**Cualquier secuencia que específicamente nos informa o establece cómo alcanzar el éxito por sí contiene controles de elección. Las limitaciones de la física dinámica no son la elección de los contingentes. Las secuencias prescriptivas se llaman "instrucciones" y "programas". Ellos no son meramente secuencias complejas, son algoritmos de secuencias complejas. Son cibernética. Las secuencias aleatorias pueden tener máxima complejidad, pero las mismas no hacen nada útil. La instrucción algorítmica es invariablemente la clave para cualquier tipo de organización sofisticada, como se observa en cualquier célula.** No existe un método para cuantificar la "información prescriptiva" (las instrucciones cibernéticas).*

***La presencia de funciones en el ácido nucleico Los cambios físicos de fase no pueden escribir algoritmos. Las matrices biopoliméricas no se pueden explicar mediante tesis del tipo: "orden surgiendo del caos" o "orden al borde del caos". Con alta retención de información se encuentran entre las entidades más complejas conocidas por la ciencia. No actúan y no pueden surgir de los fenómenos autoorganizativos de baja información. En lugar de orden desde el caos, el código genético se ha optimizado para ofrecer algoritmos altamente informativos, aperiódicos y con complejidad específicada.** Dicha complejidad especificada generalmente se encuentra más cerca del extremo no compresible y no ordenado del espectro de la complejidad que a su extremo altamente ordenado (Fig. 4). Los patrones suele ser el resultado de la reutilización de los módulos de programación o palabras. Pero esto es sólo secundario a la elección contingente que utiliza una mejor eficiencia. El orden en sí mismo no es la clave para el uso prescriptivo de la información". (Énfasis en negrita añadido)(4)*

Existen una infinidad de compuestos químicos, incluidos los aminoácidos que constituyen las proteínas, que pueden formarse por medios naturales. ¿La vida no podría por extrapolación también surgir de una fortuita polimerización especializada? ¿Que tiene la vida que desafía estos intentos de encontrarle una explicación natural?

Pues tiene un importante indicador de diseño que se llama PLAN escrito en una cadena de azúcar llamada ADN y cuya estructura fue dilucidada en 1953 por Watson y Crick.

Lo primero que inquieto de este descubrimiento y los realizados en años posteriores es que pusieron en relieve que la vida tenía un CÓDIGO biológico muy similar a un código digital con interruptores, detectores de umbral, señal de inicio, parada, datos de secuenciación de aminoácidos, ARNs y reguladores entre otros elementos de cómputo. Era más digerible la idea de que la vida fuese una máquina compleja. Quizá de alguna manera la naturaleza pueda producir máquinas, pero ¿También computadoras con un código en el que está escrito el software necesario para su funcionamiento? Esto ya es ir demasiado lejos y ello porque conlleva la presencia de 2 agentes no producibles por la naturaleza que son sendas abstracciones: **Un sistema de codificación** como el código nuclear y mitocondrial, y **un conjunto de algoritmos (software)** para dirigir las funciones metabólicas, la adaptación al entorno y la reproducción, es decir, un autentico PLAN de funcionamiento y desarrollo.

¿Tienen planes las estructuras no funcionales? No, podemos esquematizar como están espacio-temporalmente dispuestas y como trascurren la evolución de sus atractores para estructurarlas, pero no son planes en el sentido que no las han llevado a la existencia como fruto de construirlas en base a ellas. Un plan implica una construcción inteligente. El viento puede producir silbidos musicales de modo natural, pero no están producidos por ninguna partitura que pueda registrar **un plan de producción a fin de poder ser reproducidas**.

Pero ¿Por qué un plan debe implicar inteligencia? Porque para organizar una estructura funcional se necesita incorporar nodos de decisión en la cual sean ELEGIDAS las acciones a tomar de acuerdo al fin funcional. El plan biológico comporta estas características y las mismas no pueden ser producidas por el solo concurso de leyes y atractores fisicoquímicos.

David L. Abel en su artículo "The Capabilities of Chaos and Complexity" publicado en la "International Journal of Molecular Sciences" describe esta última dificultad:

"El metabolismo emplea principalmente proteínas. Las secuencias nucleótidas en el mARN (ARN mensajero) prescriben las secuencias de aminoácidos que determinan la identidad proteica. La cadena de ADN es principalmente inerte. ***La fisicoquímica no juega ningún papel directo en la construcción proteica, el transporte y la catálisis.*** *Las moléculas biológicas tienen una complejidad bidimensional (estructura biopolimerica secundaria) y complejidad tridimensional (estructura biopolimerica terciaria) son ambas finalmente determinadas por una complejidad de secuencia lineal (estructura primaria; secuencia compleja funcional, SCF). Las proteínas chaperonas que contribuyen al plegado proteico también son a su vez prescritas por el programa digital lineal genético especificado en la secuencia de ADN.*

La genética no sólo utiliza un sistema de símbolos lineales digital, usa un resumido bloque de Hamming para reducir la contaminación de ruido en el canal de Shannon (tripletes de codones para prescribir cada aminoácido). Los anticodones están en extremos opuestos de las moléculas de t-ARN desde los aminoácidos. ***La vinculación de cada t-***

ARN con el aminoácido correcto depende enteramente de una familia completamente independiente de proteínas aminoacil t-ARN sintetasa. Cada una de estas sintetasas debe ser específicamente prescrita por separado en la programación lineal digital, pero utilizando el mismo MSS. *Estos sistemas de símbolos y de codificación no sólo son anteriores a la existencia humana, ellos producen a los seres humanos con su mente antropocéntrica.* ***La sintaxis de los nucleótidos y el codón de ADN de la prescripción digital lineal no tienen una explicación físico-química.*** *Todos los nucleótidos se unen con el mismo enlace rígido fosfodiéster 3'5⍰.* ***La tabla de codones es arbitraria y formal, no física. La función semántica/semiótica/bioingeniería necesaria para hacer las proteínas requiere una dinámicamente inerte configuración de interruptores de estados y reordenables vehículos de simbología física. La sintaxis de codones comunica independiente del tiempo, no un "significado" fisicodinámico (prescripción de biofunción). Estos significados se realizan sólo después de la traducción abstracta a través de una tabla de codones conceptual. Insistir en que la sintaxis de los codones sólo representa la secuencia de aminoácidos no es, en nuestra mente humana, lógicamente sostenible***". *Énfasis en negrita añadido. (5)*

Esto último es lo que se pensó luego del descubrimiento de la estructura del ADN. Entonces se creía que lo "natural" seria que dicha secuencia de codones podría sintetizar los aminoácidos uniéndolos por complementariedad, pero ya en 1957 el propio Francis Crick observó en una nota de carácter privado que,*"si se considera la naturaleza físico-química de las cadenas laterales de los aminoácidos, no encontraremos características complementarias en los ácidos nucleicos. ¿Dónde están las superficies hidrofóbicas que distinguen la valina de la leucina y la isoleucina? ¿Dónde están los grupos cargados, en posiciones específicas, que van con aminoácidos de carácter ácido o básico?"*. Luego dice: *"no creo que nadie que examine el ADN o el ARN (ácidos ribonucléicos) piense que son moldes de aminoácidos". (6)*

Más adelante el propio Crick dio una serie de predicciones que confirmaron que el proceso que parte desde la prescripción de una proteína codificada en el ADN hasta la misma, requería de varios intermediarios, en concreto de una maquinaria para llevarlo a cabo y en efecto así fue descubierto. Si en el inerte ADN se aloja un programa (software) necesitaba una maquinaria (hardware) que fuese capaz de activar vectores de interrupción al igual que en las computadoras humanas. Estas son las zonas de regulación alostérica que, negociando con el medio intracelular y extracelular, pueden activar o inhibir la síntesis de proteínas de acuerdo a un algoritmo de operatividad que controla el metabolismo, la replicación, el control de amenazas y otras actividades fisiológicas.

Si para cruzar el puente teleológico entre la no función y la función en los mecanismos creados por el hombre necesitamos una plan exterior (exoplanificación) para organizar los materiales y la energía con un orden de secuencia en el proceso de construcción incluyendo al mismo constructor como agente ejecutor del plan, en los seres vivientes se precisa de un plan interior (endoplanificación) que organice de forma autónoma los materiales y la energía, pero no sola, siempre con la ayuda del progenitor hasta conseguir una complejidad mínima funcional que faculte al nuevo ser a vivir por cuenta propia.

Sin planificación la vida no podría existir ya que necesita llevar su "plan de contingencias" debidamente almacenado en una plataforma de registro de información. Ahora bien, esto nos lleva para el caso de la biología a un hecho a considerar sumamente importante: no tenemos que armar el puente teleológico de la estructura con la estructura misma, sino que debemos armarlo con el programa que describe como debe formarse. Esto es similar a decir que para producir un preparado gastronómico más sofisticado no debemos de trabajar añadiendo nuevos ingredientes con particulares disposiciones a un plato de comida previo, sino que debemos aumentar la información prescriptiva necesaria para desarrollar esta ampliación en la receta, y ello en el orden adecuado y con la coherencia funcional con la misma. La Teoría Sintética debe trabajar allí y no como se suele alegar algunos haciendo ingeniosas suposiciones de que una determinada molécula se unió a otra por afinidad electrostática y luego con otra que ya participaba en otro contexto molecular y que así, surgió, oh maravilla, un mecanismo molecular con complejidad irreductible.

Tenemos que pretender que las mutaciones tienen que actuar NO EN LA ESTRUCTURA, sino el ALGORITMO QUE DIRIGE SU DESARROLLO para conseguir la aparición de nuevas funciones que requieren varios genes, zonas de regulación y otros elementos en el ADN para surgir. Y ya vimos que la selección natural NO PUEDE crear algoritmos seleccionando sus output.

En este escenario no sirven las afinidades electrostáticas ni las posibles sinergias funcionales por acoplamiento tan recurridas por los teóricos naturalistas ya que el mismo discurre sobre un algoritmo en el cual la información lineal está CODIFICADA. Esto significa que el agente que lo codificó debió de establecer que agentes van a participar en la construcción del mecanismo funcional junto a sus fases, nodos de decisión y la invocación a subfunciones específicas para dichas fases. **La naturaleza NO crea ni plataformas de información ni crea programas, la inteligencia SI.**

En conclusión, la naturaleza puede crear complejidad, la química da fe elocuente de ello. Sin embargo dichas estructuras no colapsan para un fin funcional ya que no tienen ninguno. No hay, por lo tanto, complejidad mínima funcional (complejidad irreductible) en estos sistemas. Se construyen y se destruyen en procesos naturales no arbitrarios, influyen y son influidos, pero carecen de función específica. Por otra parte una complejidad con sociedad productiva funcional, es decir, aquellas cuyos componentes están enlazados de tal modo que si cae la función de uno cae la función del conjunto, será una organización arbitraria especificada para un fin funcional establecido y no fruto de ninguna organización fruto del azar ni podrá ser generada por atractores fisicoquímicos en sistemas no lineales alejados del equilibrio termodinámico.

Finalmente después del presente recorrido podemos llegar a las siguientes conclusiones:

1. Existen tres tipos de evolución: Micro, Macro y Mega. De estos los dos primeros tienen mecanismos naturales que explican muchos de los fenómenos de la historia de la evolución biológica, pero no todos. La megaevolución, la aparición de los grupos taxonómicos superiores, no es posible sin el concurso de la inteligencia.

2. La selección natural Darwiniana, como instrumento para producir la aparición de información funcional nueva biológica que demanda la megaevolución, no puede funcionar en la realidad dado que no puede construir algoritmos mediante la selección de sus salidas (output). Puede "crear" por mutaciones parámetros proteicos y seleccionar supresiones funcionales que resulten adaptativas, pero no puede seleccionar componentes estructurales aislados que son afuncionales fuera de un contexto algorítmico completo.

3. La vida NO ES DISEÑO APARENTE, ES DISEÑO REAL. Y en su carácter negentrópico y por la presencia de un plan codificado en el ADN nuclear y mitocondrial así como su maquinaria de computo comparte estas características de diseño con las creaciones humanas que conocemos incuestionablemente que son fruto de la inteligencia y, en

consecuencia, la misma biología es también fruto de la inteligencia. Esto no significa que dicha inteligencia sea responsable de todos los desarrollos funcionales y morfológicos presentes en la historia biológica, sino más bien del germen algorítmico que produce dichos desarrollos en conjunción con las influencias del entorno y en un terreno donde la selección natural darwiniana si tiene injerencia micro y macro evolutiva.

Para terminar cabe preguntar: Si las creaciones de ciertos seres vivientes e incluso la vida son fruto de la inteligencia ¿Puede también serlo el propio universo?

Volviendo al terreno cosmológico esto lo trataremos en los siguientes capítulos.

Capitulo 7

¿QUIEN CREÓ EL UNIVERSO?

En la Odisea de Homero se narra una curiosa historia en la cual Ulises, el rey de Ítaca, retornando hacia su patria desde la vencida Troya, llega a la isla de los Ciclopes. Estos eran unos seres gigantes con un solo ojo y con muy poco sentido de la perspicacia. En ésta se narra cómo Ulises ingresó con sus hombres a una cueva donde tuvo la buena ventura de encontrar alimentos, pero lamentablemente no eran una dádiva fácil ya que estos pertenecían al cíclope Polifemo. Este pronto los descubrió y en su ira los atacó comiéndose a algunos de los hombres que lo acompañaban. Cuando el cíclope le pregunto al ingenioso Ulises cual era su nombre, este no le dio su nombre verdadero, sino que le dijo: “Nadie”.

Luego, como es prescriptivo cuando se ha comido copiosamente, el gigante Polifemo se dispuso a dormir plácidamente a fin de hacer la necesaria digestión de los hombres que digno comerse, entonces Ulises y el resto de sus hombres aprovecharon el momento para contraatacar incrustándole una viga de madera en su único ojo. Desesperado el cíclope clamó por ayuda a otros ciclopes que no tardarían en acudir ante sus clamorosos gritos de auxilio. Cuando llegaron a la entrada de la cueva le preguntaron: “¿Quién te está atacando?”, y muy efusivamente Polifemo exclamo: “¡Nadie!”

Entonces los cíclopes auxiliadores le dijeron: “Sí nadie te ataca entonces nos retiramos”. Así el ingenio de Ulises, cuya astucia ya manifestó en muchas otras ocasiones, consiguió sortear una vez más una situación desesperada y salir airoso de ella.

Cuando se aborda el problema de los orígenes, en concreto el origen del universo, han surgido desde el ámbito científico muchos personajes qué, ante la pregunta: ¿Quién creó el universo? Responden enfáticamente como el desesperado Polifemo: "¡Nadie!".

Si para algunos la respuesta sobre el origen del universo sería que fue creado por Dios, para otros la naturaleza debería por si sola apañarse suficientemente para dar cuenta de nuestra existencia prescindiendo así de toda divinidad. Incluso para muchos deístas, que creen que hubo un creador que luego del acto de creación se desentendió de su obra y la abandonó a su libre desarrollo, la naturaleza podría arrinconar aún más la intervención de este ubicuo personaje. Entonces ¿Por qué no eliminarlo de escena por completo?

Desde la antigüedad era muy común el razonamiento de que si algún fenómeno no era posible en dicho momento explicarse debería ser entonces producto de la intervención de alguna deidad. Si bien el cristianismo introdujo la racionalidad de un mundo que se rige por leyes divinas que tienen que ser descubiertas y reveladas por los hombres, también supervivió el error de invocar al Dios de los huecos, aquel que surge necesario cuando no hay explicación vigente al fenómeno.

Por lo tanto, para enfrentar el problema del origen del universo, debemos analizar cómo los científicos plantean explicar sus misterios sin la invocación al Dios de los huecos. Sin embargo, como veremos posteriormente, algunos de estos argumentos están "envenenados" ya que pueden con claridad evidenciar que aquel Dios, sobre el cual se han realizado muy ingeniosos esfuerzos para escurrirlo del escenario, puede surgir como consecuencia natural de la misma física implícita en estos fenómenos y no, desde luego, para llenar ningún hueco explicativo. Pero esto lo trataremos en el capítulo 9.

Muchas culturas en el pasado tanto de occidente como de oriente consideraron que nuestro universo era una entidad eterna cuyo escenario permanecería sin grandes cambios o, si se creía que sufre profundas transformaciones, serían estas de carácter cíclico en una cadena de nacimientos y muertes cósmicas también infinita. Para los hindúes, por ejemplo, los ciclos consistían en un día y noche de Brahma que duraba nada menos que 8,640 millones de años.

En la Grecia clásica tanto Platón como Aristóteles también consideraban un universo eterno de carácter cíclico. Es, por lo tanto, una idea bastante común en las civilizaciones ajenas a la visión judeocristiana. Es en esta última donde se hace patente un origen para el universo como fruto de la creación de un Dios único. Bajo esta visión el universo sería finito tanto en tiempo como en espacio.

Sin embargo, dicha visión judeocristiana no tardaría en contestarse por razones más políticas que científicas. Desde que el cristianismo fue aceptado como religión oficial por el Imperio Romano y luego por sus reinos sucesores. Terminó siendo manipulada para justificar sus absolutismos políticos y así instrumentalizada para defender el sistema de las naciones que la patrocinaron. Pero ya en el siglo XVII, surgieron cuestionamientos al absolutismo monárquico que serían contestados desde este "cristianismo" coludido con los imperios y las monarquías. En dicho siglo el obispo Bossuet en Francia y Robert Filmore en Inglaterra defendieron, introduciendo argumentos científicos y teológicos, que el poder monárquico es algo natural porque la naturaleza, a su vez, está gobernada por un jerarca divino que es Dios. En este escenario conforme transcurría el siglo XVIII no tardaría el absolutismo monárquico y su versión científica de apoyo en ser rebatidos por John Locke en Inglaterra y Jacques Rousseau en Francia. Ya en los albores de la revolución francesa habían surgido eminentes pensadores y científicos tales como Simon Laplace, Erasmus Darwin (abuelo de Charles Darwin), James Hutton y Jean Babtiste Lamarck, cuyas interpretaciones científicas eliminaban la presencia de Dios en la escena natural con lo cual, a su vez, se pretendía desbaratar el apoyo teológico y científico usado por este "cristianismo" para la defensa del absolutismo monárquico.

Como vemos, una parte del cristianismo alimento durante siglos a un parásito político que los naturalistas liberales conjuraron extirpar. Pero, no solo extrayéndolo del cristianismo, sino matando a ambos, al parásito y al cristianismo, y ello incluiría a la doctrina cristiana, a su interpretación científica y, para rematar, también a Dios.

Por ello, cuando la atmosfera ideológica de la ciencia fue cada vez más influida por la cosmovisión materialista de la ilustración que por la cosmovisión cristiana, la visión sobre el universo también debió cambiar. El universo ya no tendría entonces origen ni creador, sino que sería más bien increado y eterno, quedando el universo con principio recluido al ámbito del dogma religioso. Es pues en esta visión que llegamos al universo estático que era tan natural de concebir para Albert Einstein como para otros científicos de su tiempo a principios del siglo XX.

No obstante, no existía entonces ninguna prueba científica que indicara algo así. Incluso las propias ecuaciones de la relatividad general ya conducían a un universo muy distinto y en modo alguno estático. Pero los prejuicios son los prejuicios y son capaces de cernirse como pesadas losas sobre las más brillantes mentes para cegarlos incluso de lo que sus propios trabajos apuntan.

Recordemos como Einstein colocó una constante cosmológica para "sujetar" el universo a fin de que no se desboque porque el prejuicio vigente dice que el universo no puede cambiar en tamaño ya que ello implicaría la posibilidad que tuviera un principio o un fin y todo ello apesta a la antigua cosmovisión cristiana que ya no estaba de moda ni era políticamente correcta.

Es por ello que cuando el físico y sacerdote belga Georges Lamaitre le presentó su tesis del átomo primitivo (Big Bang) a Einstein este le dijo: *"Eso recuerda demasiado al Génesis, ¡se nota que es usted sacerdote!"*. En otras palabras es como si Einstein le reprochara a Lamaitre que por ser su tesis amistosa con la visión cristiana del universo, entonces ello se debía a que la sostenía y defendía cegado por sus prejuicios. Los posteriores años terminaron por demostrar que quién se dejo llevar por los prejuicios no fue Lamaitre, sino el propio Einstein.

Sin embargo, en este proceso muchos científicos no aceptaron ni a regañadientes una teoría que reivindicaba una cosmovisión tan incómoda que incluso en la Rusia comunista estaba prohibida. Por ello en 1948 los científicos ingleses Hoyle, Bondi y Gold propusieron otra teoría que salvase la eternidad del universo que llegó a llamarse Teoría del Estado Estacionario. Según esta teoría conforme el universo se expandía surgía hidrógeno de la nada continuamente.

Por aquellos años un físico teórico ruso afincado en los EEUU llamado George Gamov, desarrollo aún más la tesis de Lamaitre publicando un libro titulado "La Creación del Universo". En el mismo Gamov realizó cálculos sobre porcentajes de algunos elementos químicos sintetizados en el Big Bang a partir del hidrógeno que fueron posteriormente confirmados por las observaciones. Otra muy importante predicción fue propuesta por sus colaboradores Bethe y Herman. Ellos dedujeron que las radiaciones producidas en la gran explosión deberían estar, por el tiempo transcurrido y la elongación espacial, lo suficientemente frías en un espectro de frecuencias igual al de la radiación de un cuerpo negro a 3 grados K (3 grados Kelvin o absolutos; equivalentes a 270 grados centígrados bajo cero)

Casi 2 décadas después de esta predicción, en 1964 los científicos norteamericanos Arnold Penzias y Robert Wilson, encontraron por casualidad, mientras exploraban con un radiotelescopio señales satelitales, un extraño "ruido" de fondo que en un principio no pudieron identificar. La particularidad de este ruido era que venía de todas partes y no era fruto de ningún fallo instrumental u objeto en la antena. Era precisamente la radiación de cuerpo negro de 3° Kelvin propuesta por Gamov y sus colaboradores. Por este descubrimiento

Arnold Penzias y Robert Wilson recibieron el premio Nobel en 1965 y un año después, pudo Lamaitre morir viendo confirmada su teoría.

No obstante, una forma de rescatar la eternidad era pretender que el Big Bang es tan solo el principio de un ciclo cósmico donde el universo nace, se expande, luego se contrae y muere para luego renacer en otro Big Bang. De este modo no habría un principio absoluto para esta cadena de ciclos cósmicos. Cuando se enfrento este escenario se vio que los ciclos no podían ser homogéneos de tal modo que la duración de cada ciclo cósmico tendría que alargarse más cada vez. Además la entropía seguiría aumentado pese a los ciclos lo cual nuevamente acotaba un principio y un fin.

Finalmente esta propuesta de eternidad cósmica mediante un universo oscilatorio terminó por desgraciarse en 1970 cuando Roger Penrose y Stephen Hawking finalmente probaron que el universo tuvo que tener un principio absoluto en el tiempo en base a la teoría de la relatividad general de Einstein. Con dicha prueba se demostró que la relatividad general es sólo una teoría incompleta dado que no puede decirnos cómo empezó el universo, porque predice que todas las teorías físicas, incluida ella misma, fallan al principio del universo. Sin embargo, dicho el teorema de la singularidad de Penrose y Hawking muestra que debió haber existido una época, muy al principio del universo, en que éste era tan pequeño que no se pueden ignorar los efectos de pequeña escala de la mecánica cuántica.

Luego de estos fulgores de la consolidación de la teoría del Big Bang aparecieron ciertos elementos y preguntas incómodas. Si el universo tenía un principio entonces surgía la pregunta ¿Qué mecanismo lo llevó a la existencia? ¿Qué o quién activó su ignición? ¿Fue la primera causa Dios? ¿Sería la gran explosión cósmica similar a un cartucho de explosivo que requiere que alguien encienda la mecha para que ésta explote? Si se apelaba a Dios, como celebraban los teístas, implicaría evadir la búsqueda de una posible explicación y terminar así apelando nuevamente al Dios de los huecos. Un recurso desagradable para muchos científicos que no gustan, comprensiblemente, que para explicar algo se recurra a los oficios de alguna deidad.

Había pues que solucionar varios misterios inquietantes sobre el origen del universo. Stephen Hawking en su libro "Historia del Tiempo" los resume con claridad:

1) ¿Por qué estaba el universo primitivo tan caliente?

2) ¿Por qué es el universo tan uniforme a gran escala? ¿Por qué parece el mismo en todos los puntos del espacio y en todas las direcciones? En particular, ¿por qué la temperatura de la radiación de fondo de microondas es tan aproximadamente igual cuando miramos en diferentes direcciones? Es como hacer a varios estudiantes una pregunta de examen. Si todos ellos dan exactamente la misma respuesta, se puede estar seguro de que se han copiado entre sí. Sin embargo, en el modelo descrito anteriormente, no habría habido tiempo suficiente a partir del big bang para que la luz fuese desde una región distante a otra, incluso aunque las regiones estuviesen muy juntas en el universo primitivo. De acuerdo con la teoría de la relatividad, si la luz no es lo suficientemente rápida como para llegar de una región a otra, ninguna otra información puede hacerlo. Así no habría ninguna forma en la que diferentes regiones del universo primitivo pudiesen haber llegado a tener la misma temperatura, salvo que por alguna razón inexplicada comenzasen ya a la misma temperatura.

3) ¿Por qué comenzó el universo con una velocidad de expansión tan próxima a la velocidad crítica que separa los modelos que se colapsan de nuevo de aquellos que se expansionan indefinidamente, de modo que incluso ahora, diez mil millones de años después, está todavía expandiéndose aproximadamente a la velocidad crítica? ***Si la velocidad de expansión un segundo después del big bang hubiese sido menor, incluso en una parte, en cien mil billones, el universo se***

habría colapsado de nuevo antes de que hubiese alcanzado nunca su tamaño actual.

4) A pesar de que el universo sea tan uniforme y homogéneo a gran escala, contiene irregularidades locales, tales como estrellas y galaxias. Se piensa que éstas se han desarrollado a partir de pequeñas diferencias de una región a otra en la densidad del universo primitivo. ¿Cuál fue el origen de esas fluctuaciones de densidad? Historia del tiempo. Pag.112 (Énfasis en negrita añadido).

Nótese cómo la velocidad de expansión tuvo que ser tan precisa. Y es tan solo uno de muchos otros factores que tuvieron que estar extremadamente ajustados para que pueda existir un universo como el que conocemos. Pero este problema de la sintonía fina no lo abordaremos ahora, sino en el capítulo siguiente. Sigamos.

En 1979 un físico de partículas Alan Guth propuso una posible solución a algunos de estos misterios. Su solución, hoy muy popular, consiste en una enorme inflación del universo en sus estadios iniciales de alrededor del 10^25 veces su tamaño original en un minúsculo lapso de tan solo 10^-34 segundos. En esta rápida expansión las irregularidades se habrían alisado considerablemente tal como sucedería con las irregularidades de un globo que se infla. También explicaría por qué el universo es homogéneo al resolver la aparente desconexión causal entre regiones a donde la luz no habría tenido tiempo de alcanzar como efecto de que el propio espacio creció más deprisa que la luz.

Brad Lemley en su artículo "La gran adivinanza de Guth" explica cómo la propia propuesta inflacionaria resucita, de un modo más exitoso, la frustrada propuesta de Edward Tyron de un origen del universo producto de una fluctuación cuántica accidental:

"La teoría inflacionaria sugiere que lo que surgió fue un "falso vacío" una forma peculiar de la materia, cuya existencia fue predicha por muchos teóricos de partículas, aunque nunca ha se ha observado en la realidad. El falso vacío se caracteriza por un campo gravitatorio repelente, tan fuerte que puede explotar y convertirse en un universo. Otra peculiaridad de este falso vacio es que no se diluye al expandirse como, digamos, lo hace un gas. La densidad de la energía que contiene permanece constante, aun cuando crece. Por eso la expansión del falso vacío, acelerándose exponencialmente por la acción de su fuerza repelente, creo realmente grandes cantidades de energía siempre duplicándose, la cual se descompuso formando un plasma hirviente de partículas, tales como electrones, positrones y neutrinos. A medida que el universo inicial continuo duplicándose cada microsegundo, la materia que contenía también se duplico a partir de la nada. Los electrones, positrones y neutrinos se convirtieron en una especie de sopa caliente, la cual 300.000 años más tarde se neutralizo formando átomos simples. Estos átomos simples, hidrogeno, helio y litio), fueron destruidos y exprimidos entre sí para formar átomos más complejos y más pesados, dentro de las estrellas. Al explotar hacia el espacio por las supernovas, se convirtieron en la materia que vemos y somos actualmente. El pedacito inicial de falso vacío que requieren los cálculos de Guth resulto ser increíblemente pequeño: una mil millonésima parte de un protón. El periodo requerido de crecimiento exponencial fue muy corto. En, quizás, solo 10^-34 segundos, sugiere él, el universo se expandió en 25 órdenes de magnitud, hasta aproximadamente el tamaño de una canica, un aumento equivalente a un frijol creciendo hasta el tamaño de la Vía Láctea. El proceso inflacionario, descubrió Guth, impulsaría a omega (el índice de curvatura del espacio) hacia 1 con increíble suavidad la razón se expresa mejor por analogía. El universo aparenta ser virtualmente plano por la misma razón que la superficie de la Tierra aparenta ser virtualmente plana para una persona parada sobre esa superficie. El material del espacio se "estira" relativamente, de manera que al duplicarse tan poco como 100 veces la curvatura se cancela. ¿Y qué acerca de la conservación

de la energía? De acuerdo con la teoría de la relatividad de Einstein, la energía de un campo gravitatorio es negativa. La energía de la materia, sin embargo, es positiva. Por eso el conjunto universo-creación pudo desdoblarse sin romper las leyes de conservación de la energía. La energía positiva de toda la materia del universo se pudo balancear con exactitud por la energía negativa de toda la gravedad del universo. Esto es algo más que teoría. Las observaciones son consistentes con la idea y los cálculos que determinan el total de la materia y la energía en el universo observable, indican que los dos valores parecen estar balanceados. Toda La materia más la gravedad es igual a cero. Por eso el universo pudo surgir de la nada, porque es básicamente, nada".

Aquí tenemos pues una creación cósmica con costo energético cero. La famosa "comida gratis" de Alan Guth, una creación Ex nihilo accidental que no necesita ser planificada por nadie ya que resulta de un accidente del falso vacio que continuamente puede estar produciéndose creando así otros universos.

No obstante, el modelo inflacionario no lo explica todo y aún deja muchos misterios pendientes y otros incluso los empeora haciendo más especial el Bing Bang. Sobre esto comenta Hawking:

"incluso el modelo inflacionario no nos dice por qué la configuración inicial no fue de un tipo tal que produjese algo muy diferente de lo que observamos. ¿Debemos volver al principio antrópico para una explicación? ¿Se trató simplemente de un resultado afortunado? Esto parecería una situación desesperanzado, una negación de todas nuestras esperanzas por comprender el orden subyacente del universo." Historia del tiempo. Pag.121-122

En 1983 el propio Hawking junto con James Hartle propusieron una ingeniosa solución al problema del origen del universo, su gran especialidad y su incomoda singularidad. A esta tesis la llamaron La Propuesta de Ausencia de Frontera. En esta tesis desaparece la singularidad del origen cósmico precisamente por efecto de la ausencia de frontera. Si pudiéramos visualizar el origen clásico del universo sería el instante de su ignición una punta que se abre conforme el universo se expande formando un cono que terminará curvándose nuevamente hacia el interior para un universo cerrado, es decir, un universo que luego de su expansión le sucede una contracción que lo devuelve a una singularidad final llamada Big Crunch (Gran Implosión), o que se curva hacia el exterior en un universo abierto que nunca colapsará y que seguirá expandiéndose hasta terminar desgarrándose o consumiéndose en agujeros negros.

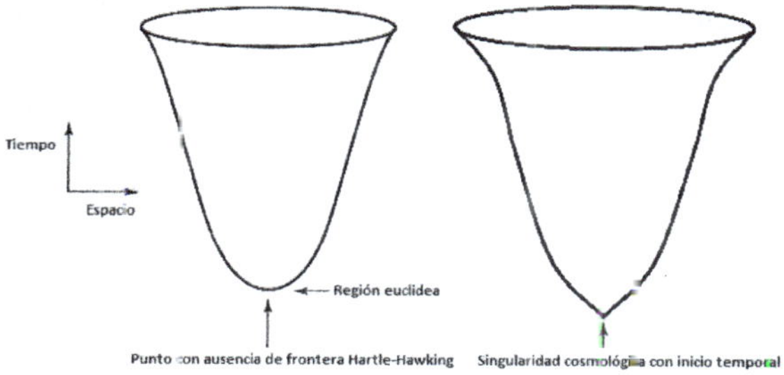

En la solución Hartle-Hawking, para explicarlo de la formas más sencilla posible, el punto de origen no sería puntiagudo como los vértices que señalan la singularidad en los modelos antes expuestos, sino más bien consistiría en un punto de una esfera tal como lo es el polo norte de globo terráqueo. Sabemos que dicho punto no es más singular que el polo sur o que cualquier otro punto de la esfera. En dicho punto existe una eucledización de tal modo que el tiempo sería en este punto una cuarta dimensión espacial más. De este modo el universo puede ser finito y a la vez ilimitado y ser en su origen falto de especialidad.

Sobre esta propuesta Hawking reconoce lo siguiente:

"Me gustaría subrayar que esta idea de que tiempo y espacio deben ser finitos y sin frontera es exactamente una propuesta: no puede ser deducida de ningún otro principio. Como cualquier otra teoría científica, puede estar sugerida inicialmente por razones estéticas o metafísicas, pero la prueba real consiste en ver si consigue predicciones que estén de acuerdo con la observación. *Esto, sin embargo, es difícil de determinar en el caso de la gravedad cuántica por dos motivos. En primer lugar, como se explicará en el próximo capítulo, no estamos aún totalmente seguros acerca de qué teoría combina con éxito la relatividad general y la mecánica cuántica, aunque sabemos bastante sobre la forma que ha de tener dicha teoría. En segundo lugar, cualquier modelo que describiese el universo entero en detalle sería demasiado complicado matemáticamente para que fuésemos capaces de calcular predicciones exactas. Por consiguiente, hay que hacer suposiciones simplificadoras y aproximaciones; e incluso entonces el problema de obtener predicciones sigue siendo formidable". Historia del tiempo. Pag.124 (Énfasis en negrita añadido)*

Sin embargo, en otra parte de su libro señala cual sería la consecuencia, o más bien utilidad metafísica de su propuesta:

"La idea de que espacio y tiempo puedan formar una superficie cerrada sin frontera tiene también profundas ¡implicaciones sobre el papel de Dios en los asuntos del universo!. Con el éxito de las teorías científicas para describir acontecimientos, la mayoría de la gente ha llegado a creer que Dios permite que el universo evolucione de acuerdo con un conjunto de leyes, en las que él no interviene para infringirlas. Sin embargo, las leyes no nos dicen qué aspecto debió tener el universo cuando comenzó; todavía dependería de Dios dar cuerda al reloj y elegir la forma de ponerlo en marcha. En tanto en cuanto el universo tuviera un principio, podríamos suponer que tuvo un creador. Pero si el universo es realmente autocontenido, si no tiene ninguna frontera o borde, no tendría ni principio ni final: simplemente

sería. ¿Qué lugar queda, entonces, para un creador? Historia del tiempo. Pag.127-128

Vemos pues como la propuesta de Hartle-Hawking pretende "solucionar" el problema del origen y con ello su incómoda posibilidad metafísica de un creador. Sin embargo, Roger Penrose, por su parte, recomienda más cautela ante estas entusiastas predicciones metafísicas:

"Creo que, a diferencia de muchas de las otras ciencias, es recomendable ser cauteloso en materias de cosmología, sobre todo en relación con el origen del universo. La gente suele tener fuertes respuestas emocionales a las preguntas sobre el origen del universo, que a veces están implícita o explícitamente relacionadas con tendencias religiosas. Esto no deja de ser natural, pues se trata en realidad de la creación del mundo en que vivimos. Como se ha señalado antes, debido a la segunda ley existe un extraordinario grado de precisión en la forma en que empezó el universo, en el Bing Bang, y esto presenta un enigma profundo. Preguntemos: ¿Es la solución a este enigma de la precisión del Bing Bang algo a lo que se pueda responder con una teoría científica futura, incluso si está más allá de nuestro conocimiento científico actual? (ésta es esencialmente mi postura optimista) ¿O debemos resignarnos a que esto sea un "acto divino"? La visión de los inflacionistas es diferente, a saber, que este rompecabezas queda "resuelto" esencialmente por su teoría una poderosa fuerza impulsora tras la postura inflacionaria. Sin embargo, ¡Nunca he visto que el profundo enigma planteado por la segunda ley sea seriamente planteado por los inflacionistas!" Pag. 1011

Más adelante Penrose prosigue:

"En realidad, tengo un problema fundamental con cualquier propuesta (por ejemplo, la inflación o la propuesta Hartle-Hawking) que intente abordar el problema de las singularidades espacio-temporales dentro de una física aparentemente simétrica con

respecto al tiempo. No hay asimetría temporal en la física inflacionaria y, por lo que puedo ver, tampoco la hay en la propuesta de Hartle-Hawking, de modo que esta propuesta debería aplicarse también a las singularidades finales del colapso (en agujeros negros, o en el Big Crunch si existe uno) tanto como en el Big Bang. Hawking (1982) ha argumentado que es posible de una forma decididamente exótica que el espacio en la vecindad de una singularidad final sea "cerrado" sin frontera, remontando el camino del universo hasta el Big Bang, y aplicando solo allí la "eucledización" ¡Su argumento es que la propuesta de ausencia de frontera simplemente afirma que hay alguna forma de cerrar las cosas sin frontera, y definimos el "comienzo" (que determina el sentido temporal del universo) como el extremo en el que ocurre el cierre. Debo decir que tengo grandes dificultades con este argumento, y, de hecho, con cualquier argumento donde no hay asimetría temporal explícita en las propias leyes físicas. (En el argumento "exótico" de Hawking, por ejemplo, parecería que sigue habiendo una frontera en la singularidad final del colapso, incluso si ha habido un cierre suave y libre e fronteras solo "en el otro extremo" del espacio-tiempo. Me parece que solo se ha atendido a una mitad de este problema de eliminación de frontera.)"

Existe otra propuesta, hoy muy popular entre los físicos y cosmólogos, para explicar nuestro muy especial universo y también su especial origen. Empezó como algo muy incómodo, pero pronto se le halló una ingeniosa solución para afirmar que "Nadie" lo hizo. Pero para no hacer más extenso capítulo trataremos este tema en el siguiente.

Capitulo 8

EL PRINCIPIO ANTROPICO Y EL MULTIVERSO

En el año 2003 en la Universidad de Case Western Reserve en los EEUU se celebró una conferencia titulada: "El futuro de la cosmología". Allí se reunieron importantes astrónomos, físicos y cosmólogos esta vez, no para hablar de la materia oscura o del destino del universo, sino principalmente para hablar sobre el significado de la vida en el cosmos.

Si ignoramos lo que la física y la cosmología a descubierto en el último siglo y en especial en los últimos 30 años, podríamos pensar que la presencia de la vida en el universo es un episodio fortuito en el que las propias leyes y constantes físicas no tienen mucho que decir. Se podría afirmar que la vida apareció simplemente porque pudo hacerlo, pero cuando se analiza que condiciones necesita el universo a la luz de los conocimientos actuales para permitir que la vida exista surge entonces el asombro y la perplejidad.

Cuando en el siglo XIX el gran físico James Clerk Maxwell descubrió que la velocidad de la luz no era un valor ad hoc, sino que podía deducirse de sus propias ecuaciones de las leyes electromagnéticas como la inversa de la raíz cuadrada del producto de la permeabilidad magnética por la permitividad eléctrica, ello supuso una gran hito para la ciencia ya que de este modo ¿No podrían también ser deducidas teóricamente otros valores de constantes físicas que hasta ahora parecen puestas ad hoc? Esta era pues la gran esperanza de Albert Einstein cuando pregunto: ¿Tenía Dios elección de crear este universo? Si podemos encontrar una teoría que explique, tal como la de Maxwell con la velocidad de la luz, el resto de constantes físicas, sería entonces un logro que colmaría las expectativas de muchos científicos que desean un universo del todo predecible y carente de molestas arbitrariedades. Si todo es predecible entonces Dios no tuvo elección y el universo debería desarrollarse de un modo definido porque las propias leyes y constantes físicas así lo canalizan. Sin embargo, este escenario optimista se ha visto frustrado con los nuevos avances y, aunque no se pierden las esperanzas de lograr el sueño de Einstein, se debe sufrir una realidad donde aún tenemos incomodas constantes físicas que no pueden ser deducidas por una teoría aún.

Estas misteriosas constantes físicas, tales como la cantidad de materia del universo, el número de dimensiones y otras más abstrusas, funcionan como los botones de una consola de control que están increíblemente finamente ajustados para permitir la vida. Un ligero giro en un sentido o en otro de cualquiera de estos "diales" podría hacer que todas las estrellas fueran tragadas por agujeros negros o se evaporasen en átomos impidiendo toda posibilidad de vida.

Paul Davies ilustra la precisión del ajuste fino como el disparo de un proyectil lanzado desde el otro extremo del universo hacia un blanco de apenas 2.5 metros de diámetro y que da en el blanco. También sería como esperar que un grupo de baldes de pinturas blanca gris y negra explotara y, como resultado del vertido explosivo de pintura, se dibujara con exquisito detalle la pintura "Guernica" de Pablo Picasso. Ninguno de estos ejemplos parecen mínimamente plausibles, sin embargo, nuestro universo es así de especial.

El hecho de tener un universo tan finamente sintonizado para permitir nuestra propia existencia ha requerido la búsqueda de una explicación científica de carácter naturalista que de adecuada cuenta de él. A dicha explicación se le ha denominado Principio Antrópico. Este principio, como recurso para explicar este "diseño" cósmico sin la invocación a un Dios creador, es el equivalente en cosmología de la selección natural de Darwin en la biología como explicación del "diseño" de los seres vivos. Básicamente pretende decir que el universo parece haber sido "diseñado" para nosotros porque nosotros podemos evolucionar en él si este tiene este "diseño" particular y, por lo tanto, esto no nos debería sorprender. Su alcance concierne principalmente a condiciones locales tales como la distancia orbital a la estrella, su lugar en la galaxia, la presencia de agua, gases y temperaturas adecuadas. A esto se le conoce como el Principio Antrópico Débil.

No obstante, existe una explicación más radical llamada Principio Antrópico Fuerte. En esta, a diferencia del débil, en la cual la vida es el resultado de una configuración de constantes y condiciones locales favorables, concurre la necesidad de una configuración afín a la vida de manera radical, donde esta vez son las mismas constantes y leyes físicas las que están sintonizadas finamente para que pueda existir la vida.

Stephen Hawking en su libro "Una breve historia del tiempo" define así la versión fuerte:

"Las leyes de la ciencia, como las conocemos hoy en día, contienen muchas cifras fundamentales, como la medida de la carga eléctrica del electrón y la proporción de las masas del protón y del electrón. No podemos, por lo menos en este tiempo, predecir los valores de estas cifras por la teoría tenemos que encontrarlos por la observación. Puede ser que un día descubramos una teoría completamente unificada que los pronostique todos, pero también es posible que algunos o todos estos varíen de un Universo a otro Universo o dentro de un Universo singular. El hecho remarcable es que los valores de estas cifras parecen haber sido ajustados muy delicadamente para hacer posible el desarrollo de la vida. Por ejemplo si la carga eléctrica del electrón hubiera sido solo un poco diferente, las estrellas no pudieran quemar hidrógeno y helio, o no explotarían. Por supuesto, podrían existir otras formas de vida inteligente, no imaginadas incluso por los escritores de ciencia-ficción, las cuales no requerirían la luz de

una estrella como el Sol o los elementos químicos pesados que son producidos en las estrellas y lanzados al espacio cuando las estrellas explotan. Sin embargo, parece claro que existen relativamente pocas variedades de valores para las cifras que permitirían el desarrollo de cualquier forma de vida inteligente. Muchos grupos de valores darían origen a Universos que, aunque fueran muy hermosos, no tendrían alguien capaz de admirar esa hermosura. Uno puede tomar esto como una evidencia del propósito divino en la Creación y la elección de las leyes de la ciencia o como el apoyo para el principio antrópico fuerte".

Observemos como al final Hawking define dos alternativas para explicar nuestro sintonizado universo. La primera sería admitir que en efecto el universo es un artefacto, no un accidente, que ha sido diseñado con el propósito de albergar vida por parte de Dios. La segunda, en cambio, es invocada como alternativa necesaria para evadir la primera opción. Esta última opción es, en palabras de Steven Weinberg, físico de la Universidad de Texas y premio Nobel, *"una hermosa explicación ateísta de por qué las cosas son tan bonitas como son"*. Sin embargo, como señaló también, la situación es similar a la de una persona que, en un torneo de póquer, recibe una escalera real de primeras. *"Podría ser casualidad"*, dijo, *"pero hay otra explicación: Vamos a ver ¿No será que nuestro amigo es el organizador del torneo? Pero eso nos lleva hacia el argumento de la religión"*.

En la misma conferencia de cosmólogos celebrada en la Universidad Case Western Reserve en 2003 en la cual Weinberg dijo estas palabras, David Gross, director del Instituto Kavli para Física Teórica de Santa Bárbara, California, manifestó su insatisfacción por las incomodas implicaciones del Principio Antrópico como antípoda del sueño de Einstein de poder predecirlo todo. Él dijo: *"Atribuir los parámetros de la física a simples casualidades o a caprichos del tiempo cósmico resulta derrotista y desalentador para que la gente emprenda los difíciles cálculos que en realidad explicarían por qué las cosas son como son. Además, es peligroso"*, declaró entre un estruendo de aplausos, *"Huele a religión y a diseño inteligente"*.

Stephen Hawking es su reciente libro "El gran Diseño" hace descripción más detallada de la sintonía fina implicada en el principio antrópico fuerte:

"Hoyle escribió: "No creo que ningún científico que examinara la evidencia dejara de llegar a la conclusión de que las leyes de la física nuclear han sido diseñadas deliberadamente con respecto las consecuencias que producen en el interior de las estrellas". En aquella época no se sabía suficiente física nuclear para comprender hasta qué punto resultaba asombrosa la coincidencia de dichas leyes físicas exactas. Pero al investigar la validez del principio antrópico fuerte, en años recientes los físicos se empezaron a preguntar cómo hubiera sido el universo si las leyes de la naturaleza fueran diferentes. Actualmente podemos fabricar ordenadores que nos digan cómo depende el ritmo de la reacción del proceso tiple alfa de la intensidad de las fuerzas fundamentales de la naturaleza. Esos cálculos muestran que una variación de tan solo 0,5 por 100 en la intensidad de la fuerza nuclear fuerte o de un 4 por 100 en la fuerza eléctrica destruiría casi todo el carbono o casi todo el oxígeno en cualquier estrella y, por lo tanto, la posibilidad de vida tal como la conocemos. Si se cambian las reglas de nuestro universo sólo un poco, ¡las condiciones necesarias para nuestra existencia dejan de cumplirse!

Examinando en el ordenador los modelos de universo que se generan cuando hacemos ciertos cambios en las teorías de la física, podemos estudiar metódicamente los efectos de esos cambios. Resulta que no son sólo las intensidades de la fuerza nuclear fuerte y de la interacción electromagnética las que están ajustadas a nuestra existencia. La mayoría de las constantes fundamentales que aparecen en las teorías están ajustadas con tanta precisión que si su valor cambiara aunque sólo fuera ligeramente el universo sería cualitativamente diferente, y en la mayoría de los casos resultaría inadecuado para el desarrollo de la vida. Por ejemplo, si la otra fuerza nuclear, la fuerza débil, fuera mucho más débil, todo el hidrógeno del universo primitivo se habría convertido en helio y por lo tanto no habría estrellas normales; si fuera mucho más intensa las supernovas no lanzarían su envoltura externa al explotar y por lo tanto no sembrarían el espacio interestelar con los elementos pesados que necesitarían los planetas para producir vida. Si los protones fueran un 0,2 por 100 más pesados decaerían en neutrones y desestabilizarían los átomos. Si la suma de las masas de los tipos de quarks que constituyen un protón se modificara en tan sólo un 10 por 100, la abundancia de los núcleos atómicos estables de que estamos formados sería mucho menor. De hecho, la suma de las masas de esos quarks parece optimizada para la existencia del mayor número posible de núcleos estables".

Luego de explicar por qué que las órbitas elípticas estables requieren de estrictamente 3 dimensiones espaciales y como con más dimensiones espaciales no podrían existir los átomos tal como los conocemos prosigue diciendo:

"La emergencia de estructuras complejas capaces de albergar observadores inteligentes parece ser muy frágil. Las leyes de la naturaleza forman un sistema extremadamente bien ajustado, y las leyes físicas se pueden cambiar muy poco sin destruir la posibilidad del desarrollo de la vida como la que conocemos. Si no fuera por una serie de intrigantes coincidencias en los detalles precisos de las leyes físicas, parece que no hubiera podido llegar a existir ni los humanos ni formas de vida semejantes las que conocemos.

La coincidencia de ajuste fino más impresionante se refiere a la llamada "Constante Cosmológica" de las ecuaciones de Einstein de la Relatividad General. Tal como hemos dicho, en 1915, cuando formuló su teoría, Einstein pensaba que el universo era estático, es decir, ni se expandía ni se contraía. Como la materia atrae a la materia, introdujo en su teoría una nueva fuerza "antigravitatoria" para contrarrestar la tendencia del universo a colapsarse sobre sí mismo. Esa fuerza a diferencia de las demás fuerzas, no procedía de ninguna fuente en particular, sino que estaba incorporada en la misma fábrica del espacio-tiempo. La constante cosmológica describe la intensidad de dicha fuerza.

Cuando se descubrió que el universo no era estático, Einstein eliminó la constante cosmológica de su teoría y la consideró el disparate más grande de su vida. Pero en 1998, observaciones de supernovas muy distantes revelaron que el universo se está expandiendo con un ritmo acelerado, un efecto que no es posible sin algún tipo de fuerza repulsiva que actúe por todo el espacio. La constante cosmológica fue resucitada. Cómo ahora sabemos que su valor no es cero, queda por despejar la cuestión de por qué tiene el valor que tiene. Los físicos han ideado argumentos que explican cómo podría surgir debido a efectos mecano-cuánticos, pero el valor que calcula es unos ciento veinte órdenes de magnitud (uno seguido de 120 ceros) mayor que su valor real, obtenido de las observaciones de supernovas. Ello significa que o bien el razonamiento utilizado en el cálculo es erróneo o bien que existen otros efectos que se anulan milagrosamente entre sí salvo en una fracción diminuta del número calculado. Lo que sí es cierto es que si el valor del constante cosmológica fuera muy superior al valor que tiene, nuestro universo se habría despedazado antes de que las galaxias se hubieran podido formar y –una vez más- la vida tal como la conocemos sería imposible".

¿Por qué ante este panorama tanto Gross como muchos otros físicos y cosmólogos sienten una considerable aprension y repudio para con el Principio Antrópico fuerte?

Ello obedece simplemente a que esta sintonía fina infiere con claridad que el universo contiene parámetros arbitrarios que están sumamente afinados a un fin funcional y ello es un indicador evidente de diseño. En los artefactos diseñados la solución funcional útil no es producto de un juego de búsqueda exhaustiva de soluciones posibles, sino es más bien producto de CONOCIMIENTO APLICADO PARA

ELEGIR LA SOLUCIÓN MAS ADECUADA. Eso es diseño. De este modo la sintonía fina que presenta nuestro cosmos como artefacto no sería otra cosa que la expresión de CONOCIMIENTO CÓSMICO aplicado en su origen como fruto de una creación inteligente. Y ello es obviamente una idea metafísicamente aborrecible e inaceptable para los naturalistas.

No obstante, como el ingenioso Ulises, los naturalistas han hallado una solución sumamente ingeniosa para salvar al universo de las indeseables consecuencias de ser un diseño deliberado. Esa solución se llama Multiverso.

Un multiverso es un escenario donde no hay un único universo, sino una vasta pluralidad de ellos y donde los mismos podrían tener no sólo distintos parámetros, sino también distintas leyes. Si este universo tiene los parámetros y leyes precisas para permitir la vida no sería fruto de un diseño puesto que existirían muchos otros universos que pueden ser parecidos o muy diferentes y que en su abrumadora mayoría no son capaces de soportar la vida. De este modo seríamos los afortunados premiados del gran juego de lotería cósmico y en dicho caso no nos debe sorprender que nuestro universo este finamente ajustado para la vida ya que si no fuera así no existiríamos para constatarlo.

El cosmólogo británico Martin Rees dice lo siguiente con relación a la propuesta del Multiverso:

"Los cosmólogos encontraron una respuesta al problema del ajuste perfecto. Es simple y elegante. Solamente requiere de fe tan profunda como cualquier creencia religiosa. Si nuestro planeta no está solo, si está entre billones de planetas que orbitan billones de estrellas, en cientos de billones de galaxias dentro de nuestro universo, ¿podrá nuestro universo ser igualmente uno de muchos?"

Hawking en su libro "El Gran Diseño" dice al respecto:

"La idea del multiverso no es una noción inventada para justificar el milagro del ajuste fino, sino que es consecuencia de la ausencia de límites y de muchas otras teorías de la cosmología moderna. Pero si es verdad, reduce el principio antrópico fuerte al débil, al situar los ajustes finos de las leyes físicas en la misma base que los factores ambientales, ya que significa que nuestro habitad cósmico actualmente la totalidad del universo observable es tan solo uno entre otros muchos, tal como nuestro sistema solar es uno entre muchos otros. Ello quiere decir que de la misma manera que las coincidencias ambientales de nuestro sistema solar fueron convertidas en irrelevantes al darnos cuenta de que existen miles de millones de sistemas planetarios, los ajustes finos en las leyes de la naturaleza pueden ser explicados por la existencia de miles de millones de universos. Mucha gente a lo largo de los siglos ha atribuido a Dios la belleza y la complejidad de la naturaleza que, en su tiempo, parecían no tener explicación científica. Pero así como Darwin y Wallace explicaron cómo el diseño aparentemente milagroso de las formas vivas podía aparecer sin la intervención de un Ser Supremo, el concepto de multiverso puede explicar el ajuste fino de las leyes físicas sin necesidad de un Creador benévolo que hiciera el universo para nuestro provecho".

El físico británico Leonard Susskind autor de un reciente libro titulado: "Paisaje cósmico: La teoría de cuerdas y la ilusión del Diseño Inteligente" también expone su alivio, sobre cómo el Multiverso resuelve la inferencia de diseño que involucraría el principio antrópico aplicado a un solo universo:

"Tenemos un mecanismo natural para explicar la razón de existir de toda la diversidad que existe allá fuera, eso elimina la necesidad del ajuste perfecto que algunas personas desearían porque dirían que existe un supervisor. No precisamos de un supervisor".

Hawking tiene razón cuando dice que el Multiverso no fue inventado para solucionar el ajuste fino, de hecho es una idea que procede de varias teorías científicas.

La primera idea surge del físico Richard Feynman en las primeras décadas del siglo XX cuando la naciente física cuántica entra en escena. En la física clásica había habido una acalorada controversia entre Isaac Newton y Christiaan Huygens sobre la naturaleza de la luz. Para el primero la luz tenía naturaleza corpuscular y para el segundo era ondulatoria. Más adelante en el siglo XIX el físico Thomas Young realizó experimentos que probaron que la luz tenia naturaleza ondulatoria, pero Einstein con su efecto fotoeléctrico resucito la naturaleza corpuscular de la luz. Esto se resolvió finalmente con De Broglie que finalmente estableció que la luz tiene naturaleza dual, es decir, es corpuscular y ondulatoria al mismo tiempo. El experimento clásico para evaluar esta disputa es el experimento de la doble rendija. En el mismo la luz debe formar luego de atravesar las rendijas un patrón de interferencia. No hay nada sorprendente en encontrar un patrón de interferencia cuando aplicamos un chorro de fotones o electrones. Lo interesante del caso, y lo que ejemplifica el misterio de la física cuántica, es que dicho patrón también aparece cuando hay un solo fotón o un solo electrón. Esto significa que el fotón, por ejemplo, debería pasar pon ambas rendijas para formar el patrón de interferencia. A diferencia del mundo macroscópico donde vemos que los objetos siguen trayectorias definidas, en el micro-mundo cuántico las cosas no suceden así. Werner Heinsemberg descubrió el, amargo para Einstein, principio de incertidumbre en el cual se establece que no se puede saber al mismo tiempo la posición de una partícula subatómica y a la vez su momento (cantidad de movimiento). Esta incertidumbre hace nebulosa la ubicuidad de partículas tales como los fotones o electrones. En este escenario, y en relación al experimento de la doble rendija, lo que estableció Feynman es que la partícula no toma un único camino, sino TODOS LOS CAMINOS POSIBLES simultáneamente. Al cálculo de este cumulo de trayectorias se llamó suma de Feynman de historias. Esto significa que la partícula no solo atraviesa una rendija, sino que atraviesa también la otra y realiza muchas más trayectorias que pueden ser totalmente exóticas, mas la sumatoria de todas las fases exóticas tienden a cancelarse quedando una sumatoria próxima a una trayectoria newtoniana. ¿Qué tiene esto que ver con el multiverso? Pues que una forma de interpretar esto es que cada trayectoria, incluidas las más exóticas representa el comportamiento de la partícula en un universo distinto.

Esta interpretación es similar a la interpretación de Hugg Everett en 1957 de la incertidumbre cuántica. Cuando los físicos hacen una observación que al final define donde se encuentra un electrón, que por el principio de incertidumbre no puede ser localizado con precisión ya que presenta más bien una nube de estados probables superpuestos, acontece lo que se conoce como colapso de la función de ondas. Para los físicos de la llamada escuela de Copenhage esto supone que la conciencia humana como observador interviene para definir la localización final del electrón que podría haber aparecido en otro lugar dentro de la nube de probabilidad. Una nube de probabilidad significa que el electrón está en varios lugares al mismo tiempo y que cuando es observado colapsa por causa del observador en un lugar concreto. Para Everett la solución no era que el electrón colapsa para un lugar determinado dentro de una pluralidad de otras posiciones posibles, sino que colapsa eligiendo un universo de muchos otros existentes. La incertidumbre no está pues en que tenemos un universo con una nube de probabilidad, sino que tenemos una nube de muchos universos en los que están representadas todas sus posibilidades cuánticas. Sobre esta solución de los multimundos de Everett se dijo que era barata en hipótesis, pero cara en universos.

Otra teoría que también contempla el surgimiento de muchos universos es la propia teoría inflacionaria de Alan Guth en la cual las fluctuaciones del falso vacio pueden estar produciendo continuamente nuevos universos burbuja completamente desconectados del nuestro. Por último la teoría de cuerdas también admite soluciones para muchos universos en la asombrosa cantidad de 10^500.

Todas estas posibilidades teóricas, ninguna probada hay que decirlo, permiten acudir a la pluralidad de universos como salida al problema de la sintonía fina. Sin embargo, todas ellas asumen en gran medida que las soluciones matemáticas superpuestas dentro de un espacio de búsqueda o espacio de fases, es decir, todas las soluciones que tienen una probabilidad de ocurrir, pero que no necesariamente tienen que ocurrir, representan soluciones físicas reales y que ocurren todas ellas en distintos universos. Este controvertido problema de la mecánica cuántica se conoce como el problema de la medida y en ella la tesis de los muchos universos es solo una de varias posibles soluciones tales como: Copenhague, muchos universos, decoherencia por el entorno, historias consistentes, onda piloto y finalmente la nueva teoría con R objetiva. (Quienes quieran profundizar en estas tesis les recomiendo leer el capítulo 29 del libro de Roger Penrose "El camino a la realidad").

¿Qué tan seguros están los científicos con relación a la existencia real del multiverso? Hay definitivamente opiniones encontradas, pero por lo menos Martin Rees está dispuesto a apostar la vida de su perro y el cosmólogo Andrei Linde incluso su propia vida por la existencia real del multiverso. Weinberg sin embargo, para quien el principio antrópico no es santo de su devoción, no dice que está dispuesto a apostar su propia vida ni la de su perro, pero sí que está dispuesto a apostar la vida de Linde y la del perro de Rees.

Supongamos ahora que la tesis del multiverso se probara más allá de toda duda, la tesis de ausencia de frontera Hartle-Hawking (con la trampita de usar tiempo imaginario porque si usa tiempo real reaparece la singularidad) fuera también probado así como el origen inflacionario por fluctuación del falso vacio que hace casual y no planificada la ignición cósmica. Demos absoluta validez a todos los intentos naturalistas de evadir el diseño del universo como absolutamente probados. No los discutiremos ya que ello no es necesario y menos aún conveniente. Cabe ahora preguntarnos:

¿Realmente resuelve el multiverso la inevitabilidad de la inferencia de diseño aplicado a nuestro cosmos?

Para los entusiastas de esta idea lamento decir que no. De hecho este es uno de los argumentos "envenenados" que al final se vuelven en contra de su primera aplicación. El propio cosmólogo Martin Rees lo reconoce al decir:

"Habiendo levantado la posibilidad de otros universos, los cosmólogos comenzaron a pensar sobre cómo serían y mientras pensaron, descubrieron que la lógica había armado una nueva trampa, la idea del multiverso los había puesto en un camino que los llevó de nuevo hacia un creador".

Y para asombro de la audiencia finalmente dice:

"Al buscar una explicación alternativa a las explicaciones religiosas sobre nuestra creación, los cosmólogos revelaron una posibilidad que parece increíblemente similar. Un ser todopoderoso, omnipotente y súper inteligente. Una entidad cuyos motivos son inescrutables y cuya existencia es imposible demostrar".

¿Estará delirando Rees? ¿Por qué dice eso? ¿O quizás estaba haciendo méritos para ganar el premio Templeton que finalmente le fue concedido hace poco?

No seamos mal pensados, realmente lo que Rees quiere decir es totalmente lógico y ha estado siendo evidente desde el principio de los tiempos como sería evidente un enorme elefante dentro de una habitación donde hay un hombre aplanado que fue aplastado por el mismo, pero los investigadores ignorando al elefante se devanan los sesos buscando explicaciones naturalistas a por qué yace muerto y aplastado el cadáver de la habitación, y ello porque, emulando a Gross, eso "huele a religión y a diseño inteligente".

En el siguiente capítulo analizaremos como el multiverso y otros argumentos envenenados traicionan miserablemente a sus patrocinadores naturalistas.

Capitulo 9

¿POR QUÉ EXISTE ALGO EN LUGAR DE NADA?

¿Tuvimos que existir por causa de algún propósito previo o somos resultado de un accidente sin sentido? ¿Cuál es la causa que produjo la ignición cósmica? ¿Qué hizo que las ecuaciones que describen la física que conocemos empiecen a actuar en lugar de quedar congeladas en un mundo platónico de ideas?

Se ha buscado responder estas preguntas tanto desde el ámbito filosófico como también desde el físico. Desde esta última perspectiva Stephen Hawking tiene su propia respuesta a esta trascendente pregunta. En su libro titulado "El Gran Diseño" Hawking nos dice que la respuesta a por qué existe algo en lugar nada se debe a que nuestro universo es simplemente producto de una fluctuación accidental del falso vacío. Por eso existimos, por un mero accidente que no lleva implícita ninguna finalidad ni sentido.

Él dice lo siguiente:

"En efecto, como la gravedad da forma al espacio y al tiempo, permite que el espacio tiempo sea localmente estable, pero globalmente inestable. A escala del conjunto del universo, la energía positiva de la materia puede ser contrarrestada exactamente por la energía gravitatoria negativa, por lo cual no hay restricción a la creación de universos enteros. Como hay una ley como la gravedad, el universo puede ser y, será creado de la nada en la manera descrita en el capítulo 6. La creación espontánea es la razón por la cual existe el universo. No hace falta invocar a Dios para encender las ecuaciones y

poner el universo en marcha. Por eso hay algo en lugar de nada, por eso existimos." El Gran Diseño. Pag.195

Sin embargo, Hawking debe también proponer algo que dé cuenta de la formidable complejidad de las estructuras que nuestro universo contiene y de las más complejas que conocemos: la vida. Para hacerlo Hawking recurre a los trabajo del matemático John Conway. Este en los años 70 creó un juego llamado "Vida". El mismo no se trata en realidad de un juego, sino más bien de una simulación en la cual Conway y sus alumnos pudieron probar cómo, creando un escenario en el cual se crean unos actores sometidos a reglas sencillas (leyes de reacción), se puede producir una gran complejidad. Si este juego Vida es de alguna forma una simulación sencilla de lo que es el universo ¿No podríamos entonces esperar que las más complejas leyes de la naturaleza sean también poderosas para producir una enorme complejidad del grado de la vida? Esa es pues la expectativa de Conway, Hawking, Susskind, Krauss y muchos otros.

En el juego de Conway se hace uso de un programa informático que crea un escenario. Este escenario es un mundo virtual donde se establecen unos actores que consisten en fichas que llenan los casilleros del espacio virtual de este mundo. Las leyes que gobiernan la aparición y desaparición de estas fichas en los casilleros son tan solo 3 sencillas reglas en las cuales sus posiciones relativas, de acuerdo a las mismas, harían aparecer una nueva ficha, moverla o desaparecerla. Al activarlo se vio como las fichas empezaban a moverse por el tablero formando figuras, movimientos definidos, pulsaciones y otros efectos complejos.

El Físico Paul Davies nos da una descripción más detallada de las criaturas que surgen del juego Vida:

"Entre la infinita variedad de las formas de Life hay algunas que retienen su identidad en su desplazamiento. Estas incluyen los así llamados planeadores consistntes de cinco puntos. Las colisiones

entre estos objetos pueden producir toda clase de estructuras y escombros, dependiendo de los detalles. Los planeadores pueden ser producidos por un "planeador cañon" el cual los emite a intervalos regulares en una corriente. Es interesante que un planeador cañon puede ser producido por una colisión de trece planeadores, de modo tal que los planeadores producen planeadores. Otros objetos comunes son lo "bloques" cuadrados estacionarios de cuatro puntos que tienden a destruir los objetos que colisionan con ellos. Están los más destructivos "comedores" los cuales quiebran y aniquilan los objetos que pasan, y luego se reparan a sí mismos el daño ocasionado por el encuentro. ***Conway y sus colegas han descubierto patrones de Life de inmensa riqueza y complejidad, a veces por casualidad, otras usando una gran habilidad y perspicacia.*** *Algunos de los comportamientos más interesantes demandan una coreografía cuidadosa de un gran número de objetos componentes, y se muestran sólo después de miles de escalones de tiempo. Para explorar el repertorio más avanzado de la actividad de Life son necesarias computadoras muy poderosas". La Mente de Dios. Pag.69 Énfasis en negrita añadido.*

Otros resultados interesantes del juego Vida de Conway estriban en que en este mundo virtual se pueden crear operadores lógicos usando planeadores y si podemos crear operadores lógicos podemos crear una máquina universal de Turing con la cual computar con un computador basado en componentes lógicos y simular a su vez otra simulación. Sobre ello Davies nos dice:

"Conway ha sido capaz de demostrar que su juego Life es también capaz de permitir patrones auto reproductivos. El proceso relativamente simple de los planeadores haciendo planeadores no califica, porque todos los programas importantes para su auto reproducción no son copiados en el proceso. Uno necesita algo mucho más complicado para ello. Al principio Conway planteó una pregunta relacionada: ¿Puede una máquina de Turing (por ejemplo una computadora universal) ser construida en el universo Life? La

operación básica de cualquier computadora universal consiste en las operaciones lógicas Y, O y NO. En una computadora electrónica convencional éstas están implementadas por elementos simples de conmutación, o compuertas lógicas. Por ejemplo, una compuerta Y tiene dos cables de entrada y uno de salida. Si se recibe un pulso eléctrico en ambos cables de entrada a la vez, se envía un pulso al cable de salida. No hay salida si sólo se recibe en un cable de entrada, tampoco hay salida si no se recibe en ninguno de entrada. Una computadora consiste en una red muy extensa de tales elementos lógicos. La matemática es ejecutada representando los números en una forma binaria, como secuencias de ceros y unos. Trasladado a su forma física, un uno es codificado como un pulso eléctrico, un cero es la ausencia de tal. No obstante no hay necesidad de que esas operaciones sean realizadas por conmutación eléctrica. Cualquier dispositivo que ejecute las mismas operaciones lógicas es suficiente. Podría usar engranajes mecánicos (como en el caso de la Máquina Analítica original de Charles Babbage), haces de láser, o puntos en una pantalla de computadora.

Tras mucha experimentación y pensamiento, Conway fue capaz de mostrar que tales circuitos lógicos podían de hecho ser construidos en el universo Life*. La idea esencial es usar una procesión de planeadores para codificar números binarios. Por ejemplo el número 1011010010 puede ser representado ubicando un planeador en la procesión en la posición de cada 1, mientras que se dejarían espacios para los ceros. Las compuertas lógicas pueden entonces ser construidas acomodando las corrientes de planeadores para que se intercepten en ángulos rectos de una forma controlada. Debido a que una compuerta Y emitirá un planeador sólo si simultáneamente recibe planeadores en ambas corrientes de entrada (de este modo codificando la operación 1 + 1 ® 1). Para lograr esto, y construir la unidad de memoria para almacenar información, Conway necesita sólo cuatro especies de Life: planeadores, planeadores cañon, comedores, y bloques.*

Se necesitan muchos trucos inteligentes para posicionar los elementos correctamente y orquestar la dinámica. No obstante, los circuitos lógicos necesarios pueden ser organizados y las formas luminosas en el universo Life pueden funcionar de una forma perfectamente apropiada, aunque un tanto lenta, como una computadora universal. *Este es un resultado con implicancias fascinantes. Hay dos niveles de computación involucrados. Primero está la computadora electrónica subyacente usada para producir el juego Life en la pantalla; luego los patrones Life mismos funcionando como una computadora universal en un nivel superior. En principio esta jerarquía puede continuar indefinidamente: la computadora Life puede ser programada para crear su propio universo Life abstracto, el cual a su vez puede ser programado para producir su universo Life.... Recientemente asistí a un taller sobre el estudio de la complejidad en el cual dos científicos de la computación del MIT, Tom Toffoli y Norman Margolus, demostraron la operación de una compuerta Y en un monitor de computadora. También estaba presenciando la muestra Charles Bennet de IBM, un experto en los fundamentos matemáticos de la computación y complejidad. Le señalé a Bennet que lo que estábamos viendo era una computadora electrónica simulando un autómata celular simulando una computadora. Bennet respondió que esas inclusiones sucesivas de lógica computacional le recordaban las muñecas rusas.*

El hecho de que Life pueda simular computadoras universales significa que todas las consecuencias del análisis de Turing pueden ser aplicadas al universo Life. Por ejemplo, la existencia de operaciones no computables se aplica a la computadora Life también. Recordemos que no hay forma sistemática de decidir con anticipación si un problema matemático dado des decidible o indecidible mediante la operación de una máquina de Turing: el destino de la máquina no puede ser conocido de antemano.

Por lo tanto, el destino de los patrones Life asociados no puede ser sistemáticamente conocido con antelación, aún siendo todos esos

patrones estrictamente determinísiticos.*(énfasis en negrita original) Pienso que esta es una conclusión muy profunda que tiene implicancias con alcance en el mundo real. Parece que hay una clase de aleatoriedad o incertidumbre (¿osaré llamarla "libre albedrío"?) fundada dentro del universo Life como lo hay en el universo real, debida a las propias restricciones propias de la lógica, tan pronto como el sistema se vuelve lo suficientemente complejo como para alcanzar la auto referencia.*

La auto referencia y la auto reproducción están íntimamente relacionadas, y una vez que la existencia de las computadoras universales Life ha sido establecida, estuvo abierto el camino para Conway para probar la existencia de constructores universales y por lo tanto patrones Life que son genuinos auto productores. ***Una vez más tales patrones no han sido realmente construidos por ser ellos realmente complejos. Pero Conway razona que en un universo Life infinito aleatoriamente poblado por puntos, los patrones auto reproductivos se formarían inevitablemente en algún lugar sólo por azar. Aunque la rareza de la formación espontánea de tales patrones altamente orquestados y complejos sea astronómica, en un universo realmente infinito todo lo que puede pasar pasará. Uno podría aún imaginar una evolución Darwiniana conduciendo hacia la aparición de patrones auto reproductivos cada vez más complejos".*** *La Mente de Dios. Pag.70-71*

En resumen lo que Davies nos quiere decir es que el universo virtual del juego Vida tiene elementos susceptibles de ser usados para construir una máquina universal de Turing e incluso, basándonos en los autómatas celulares, construir también un constructor universal de Turing. Sabe Conway, sin embargo, que eso es muy difícil y complejo. Sabe también Conway que estas máquinas de Turing construidas con elementos del juego Vida no se forman espontáneamente y requieren mucho ingenio (inteligencia). No obstante, él mantiene la esperanza en que el Demiurgo llamado "Tiempo" todo lo puede si le damos un infinito chance dado que lo que puede pasar pasará y si a ello, como añade Davies, le aplicamos una evolución darwiniana que aumente su complejidad habríamos cerrado entonces el circulo explicativo.

Estos resultados han llevado a Conway a concluir con entusiasmo que:

"No hay ningún arquitecto de la vida. Absolutamente ninguno".

La vida y toda su asombrosa complejidad sería pues fruto simple de las leyes naturales de nuestro universo y de este modo completaríamos el cuadro en el cual "Nadie" hizo el universo porque así quedaría establecido que el mismo surge de un accidente del falso vacío y se complifica por efecto de las leyes que contiene este "accidente".

Pero ¿De dónde salen estas leyes? Muy fácil, dirían ellos, eso surge del multiverso, donde tenemos una inmensa producción de distintos universo con distintas constantes y leyes físicas así qué, de este modo, las leyes que crean complejidad en cada universo surgen a su vez de accidentes cuánticos. El hecho que exista por ahí algún universo viable es plenamente algo circunstancial y no producto de ningún plan ya que se producen como rosquillas en cantidades industriales y no debe extrañar que alguno sea como el nuestro con seres inteligentes que se hacen estas disquisiciones.

Para analizan mejor este asunto recurriré a otro notable caso que llena de entusiasmo a los naturalistas, se trata de los Algoritmos Genéticos.

Un algoritmo genético (AG) funciona, a groso modo, constituyendo un cromosoma artificial con los parámetros de la función y/o funciones cuyo óptimo deseamos encontrar. Este cromosoma en sucesivas iteraciones del algoritmo deberá mutar (cambiar los valores de sus parámetros) y evolucionar produciendo sucesivas generaciones de "individuos" más aptos seleccionados por una función de aptitud que seleccionará y fijará las soluciones más eficientes y óptimas del problema planteado. En el proceso no existen caminos analíticos hacia la respuesta final. El algoritmo no debe "saber" como generar la solución. Lo que debe hacer es, más bien, hallar la solución en un espacio de búsqueda donde se hallan todos los casos posibles permitidos por la complejidad física del problema especificado en su cromosoma. Para ello debe el algoritmo realizar numerosas iteraciones únicas o en paralelo para las sucesivas generaciones de soluciones hasta encontrar la solución óptima. Una vez encontrada esta solución y comparada con soluciones analíticas, pueden en muchos casos parecer extrañas, pero resultan muy eficientes e ingeniosas. Desde entonces los algoritmos genéticos se han venido usando en distintas disciplinas científicas y técnicas con muy buenos resultados y ya han producido numerosas patentes.

Ahora bien, este éxito a llevado a los que sustentan el naturalismo a considerarlo con gran fervor y entusiasmo como una eficaz prueba de la factualidad de la evolución biológica frente a los creacionistas y defensores del DI que alegan que la naturaleza no biológica, e incluso la biología no puede producirla. Con los algoritmos genéticos los naturalistas pretenderían demostrar que la diversidad biológica, con su complejidad irreductible incluida, puede ser en verdad generada de modo natural y el creacionismo y su engendro el DI quedarán derogados.

En consecuencia esto ha producido que desde esta última trinchera algunos hayan atacado la validez de que los algoritmos genéticos puedan aplicarse en verdad a la biología y, de este modo, descalificar su presunto uso para combatir al creacionismo o al DI. Sin embargo, esto es una muy mala estrategia. Personalmente soy un entusiasta de los AG y en realidad no hay por qué atacarlos ya que son maravillosos para refrendar el Diseño Inteligente. Veamos por qué.

Un AG es también un simulador de mundo virtual similar al juego Vida de Conway, aunque para el caso su universo virtualizado depende de un cromosoma de parámetros que condiciona cual será su espacio de búsqueda. El espacio de búsqueda es el conjunto de todas las soluciones posibles que la función de aptitud permite para dichos parámetros. Para encontrar una solución podemos tomar tres métodos:

1. Por búsqueda analítica. Esta es la manera como los ingenieros suelen encontrar las soluciones.

2. Por AG haciendo que este algoritmo encuentre una solución optima mediante este proceso informático y encuentre soluciones tan ingeniosas que sorprenderán a cualquier diseñador.

3. Por búsqueda exhaustiva. Es decir, probando una a una cada solución. El gran problema con este método es que para casos complejos donde el espacio de búsqueda es muy grande, una búsqueda exhaustiva resulta del todo impracticable y en este caso no nos queda otra que usar o una búsqueda analítica o un AG.

Como se vio en capítulos pasados la medida matemática de la complejidad física es precisamente el número de soluciones posibles que contiene el espacio de búsqueda.

El siguiente gráfico lustra estos tres tipos de búsqueda:

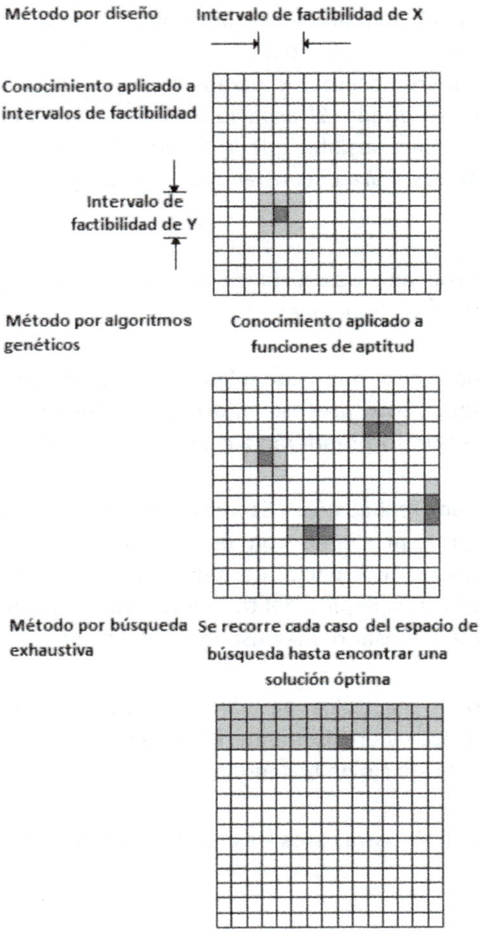

Para el caso mostrado en el gráfico solo se aplican 2 parámetros que se expresan en dos dimensiones. En realidad se presentan muchos más parámetros y por ello se tendrían que usar muchas más dimensiones, pero para explicar los conceptos basta este sencillo ejemplo.

En el primer caso tenemos lo que se conoce como diseño el cual es el método analítico donde el conocimiento se aplica para ajustar ciertos intervalos de factibilidad con los cuales elegir una solución sin necesidad de explorar o recorrer su espacio de búsqueda.

En el segundo caso se aplican AG para buscar un máximo general de varios locales y así encontrar de manera rápida una solución efectiva que responda óptimamente a la función aptitud. Aquí el conocimiento se aplica a la o las funciones de aptitud.

Por último tenemos la búsqueda exhaustiva donde se recorre todo el espacio de búsqueda hasta encontrar la solución óptima. No recomendable para tamaños grandes de espacios de búsqueda.

Pero ahora cabe preguntarnos, de todo lo visto hasta ahora, ¿Dónde está el veneno de estas maravillosas propuestas?

Realmente es muy simple. Por ejemplo, en el caso de Conway él crea un escenario virtual mediante un programa informático que requiere de un sistema de computo creado con un software y hardware que son fruto de la inteligencia, crea en dicho escenario unos actores (los casilleros vivos), luego elige inteligentemente, no cualquier regla, sino aquellas que funcionen para su propósito, y después de todo ello, este creador nos dice que el universo no tiene creador. Nos muestra con su hallazgo una prueba de la necesidad de un creador y retorcidamente usa el mismo para decirnos que el universo y la vida no lo tienen.

Hawking mismo reconoce nuestro papel de creadores con respecto al juego de Conway al decir:

"El ejemplo del juego Vida de Conway demuestra que incluso un conjunto simple de leyes puede producir características complejas análogas a las de la vida inteligente. Debe haber muchos conjuntos de leyes con dicha propiedad. ***¿Qué selecciona las leyes que rigen***

nuestro universo? Tal como ocurre en el universo de Conway, las leyes de nuestro universo determinan la evolución del sistema, dado su estado en un instante cualquiera. En el mundo de Conway, nosotros somos los creadores, escogemos el estado inicial al especificar los objetos y sus posiciones al inicio del juego*". El Gran Diseño. Pag. 193. énfasis en negrita añadido.*

Lo mismo sucede con los AG. En realidad estos son muy listos y hacen cosas realmente asombrosas que no se les hubiera ocurrido a un diseñador muy ingenioso. Pero ¡Un momento! Tenemos que reparar un hecho muy importante e ineludible. Los AG no se hacen solos, se hacen con INTELIGENCIA no saltan de los computadores por casualidad, los DISEÑAN informáticos que saben lo que quieren conseguir en base a ingentes conocimientos y mediante recursos computacionales que también son fruto de la inteligencia. Pueden alegar que el fruto de su simulación es todo lo versátil que pueda ser, pero no pueden eludir que es ello fruto de INTELIGENCIA.

El famoso caso de los monos con máquinas de escribir que por casualidad y con una infinidad de tiempo escriben una obra literaria. Tiene varios problemas. En primer lugar una obra literaria tiene patrones nada azarosos. Por ejemplo, deberá presentar con bastante frecuencia el símbolo "espacio" que separa las palabras y en menor medida los símbolos "." y ",". También presentará repeticiones de concatenaciones de letras (palabras) de modo aperiódico pero frecuente. Todas estas características por sí mismas ya distancian considerablemente el hecho que los monos puedan lograr escribir una obra literaria coherente a puro golpe azaroso de teclas. Pero hay algo mucho más crucial, incluso suponiendo que ello en realidad fuese posible estamos evadiendo unos agentes importantes: ¡Los propios monos y las máquinas de escribir! Pues en efecto, sin monos las máquinas de escribir no nos sirven y sin máquinas de escribir los monos no nos sirven así que tenemos que reconocer que para que incluso una búsqueda exhaustiva pueda producirse se requiere de un ESCENARIO GENERADOR DE POSIBILIDADES.

De este modo el mundo virtual del juego vida puede ser muy interesante, pero necesita de un escenario generador de sucesos que contenga a los actores y sus respectivas reglas de reacción causal, es decir, el algoritmo del simulador. También lo precisan los AG. Sus soluciones son maravillosas más no son fruto del aire, sino de un gran despliegue de inteligencia y conocimiento por parte de sus ingenieros informáticos.

En nuestro mundo vemos como muchas cosas resultan del desarrollo de procesos naturales y no de ningún diseñador o fabricante evidente. No obstante, no significa que no sean fruto de diseño. En cierta ocasión, para fines publicitarios, hice un simple programa que no demando más allá de 10 o 12 líneas de código. El propósito del mismo era dibujar en la pantalla hermosas figuras de colores. Para ello utilicé un generador de números aleatorios y funciones trigonométricas para dibujar los extremos de los trazos. Jugué con los ángulos y los colores de tal modo que con cada iteración se desplegaban líneas que formaron extrañas y coloreadas imágenes matemáticas. No solo podía jugar con los parámetros, sino también con las funciones haciendo que los ángulos se sumaran, restaran, multiplicaran o dividieran. Luego que se formaba una imagen esta perduraba por unos segundos y luego desaparecía para dejar lugar a la formación de una imagen nueva.

Cuento esta historia porque este programa era realmente un simulador sencillo y cada imagen se podría considerar como un universo virtual. Cuando veía cada imagen podía asombrarme de su riqueza y belleza. Más yo no la dibujé en la pantalla. Sin embargo, aunque no las dibuje como lo haría un artista yo soy el creador de estas imágenes porque soy yo quien creó el algoritmo que las genera.

Con este ejemplo quiero señalar que no debemos confundir un desarrollo con su germen generador, que para los casos anteriores se tratan de algoritmos.

Volviendo ahora al caso del origen del universo en el contexto del multiverso veamos el aprieto lógico al que se somete Hawking cuando dice en la sección de agradecimientos de su libro "El Gran Diseño" lo siguiente:

"El universo tiene un diseño, y también lo tiene un libro. Pero a diferencia del universo, un libro no aparece de la nada. Un libro requiere un creador"

¡Asombroso!. Los libros no aparecen de la nada y requieren de un creador, pero el universo inmensamente más complejo que el libro y que contiene al mismo sí surgen de la nada y no requieren un creador.

Estos son ejemplos paradigmáticos de como el prejuicio filosófico del materialismo naturalista retuerce la evidencia y crea escenarios para eludir lo ineludible. Incluso la tesis del multiverso no tiene escapatoria dado que aunque los universos puedan producirse por fenómenos naturales en el extraverso (el escenario exterior donde se dan estas fluctuaciones) y surgir con un distinto juego de valores de constantes físicas de modo fortuito, necesitamos aún ajustar sus leyes particulares mediante el concurso de leyes maestras, y la física puede explicar los fenómenos producidos por dichas leyes pero no puede explicar a estas leyes maestras. Y toda ley, tal como sucede con Conway con su juego "Vida", requieren de un legislador.

Hawking mismo reconoce que en un multiverso con leyes variables necesitamos leyes maestras:

"En la teoría M las dimensiones espaciales adicionales que forman el espacio interno no pueden ser curvadas de manera arbitraria, ya que las matemáticas de la teoría restringen las maneras posibles de hacerlo. *La forma exacta del espacio interno determina los valores de las constantes físicas, como la carga del electrón, y la naturaleza de las interacciones entre las partículas elementales; en otras palabras,* *determina las leyes aparentes de la naturaleza. Decimos "aparentes" porque nos referimos a las leyes que observamos en nuestro universo -las leyes de las cuatro fuerzas y los parámetros como las masas y las cargas que caracterizan las partículas elementales-,* ***pero las leyes más fundamentales son las de la teoría M****". El Gran Diseño. Pag.129 Énfasis en negrita añadido.*

Vemos entonces que para explicar el multiverso necesitamos un escenario donde existen unas leyes maestras que podrían ser las de la teoría M y que pueden discurrir para crear, si este fuese este el caso, los muchos universos del multiverso.

En este punto el entusiasmo de Hawking con los trabajos de Conway para zanjar el origen natural del diseño cósmico lo introducen finalmente una trampa clamorosa; La necesidad de crear un escenario consistente con un multiverso con actores sujetos a las leyes maestras de la teoría M nos llevan a concluir que, del mismo modo que el juego vida de Conway, los AG y en general TODOS LOS SIMULADORES CREADOS POR EL SER HUMANO, estos precisan de inteligencia. El escenario cósmico del extraverso (donde se desarrolla el multiverso) también lo requiere.

De este modo todos los simuladores que se han creado para reivindicar lo lista que puede ser la naturaleza no hacen otra cosa que, para estupor de sus patrocinadores, reivindicar la concurrencia en ellos del recurso de la inteligencia, y con ello la factualidad del Diseño Inteligente.

Esta es la trampa que refería Martin Rees cuando dijo en su documental titulado "Lo que aún no sabemos ¿Somos reales?" lo siguiente:

"Habiendo levantado la posibilidad de otros universos, los cosmólogos comenzaron a pensar sobre cómo serían y mientras pensaron, descubrieron que la lógica había armado una nueva trampa, la idea

del multiverso los había puesto en un camino que los llevó de nuevo hacia un creador".

En el capítulo 5 se explicó porque la inteligencia es negentrópica y como esta es un agente capaz, no solo de generar el orden funcional de las creaciones humanas, sino que tanto la vida como el propio cosmos permiten inferir que son fruto de la misma.

Sin embargo, supongamos que estoy equivocado con respecto a dicha inferencia y que la premisa de que la vida es fruto de diseño es falsa. Supongamos que el sueño de Prigogine de que la vida puede ser una auto-organización de estructuras disipativas complejas y que la selección natural darwiniana sea motor capaz de incrementar la información funcional biológica en el proceso evolutivo sean ciertos. (En el capítulo 6 he explicado porque no lo es, pero lo ignoraremos aquí) Supongamos también que la información cósmica específica para la posibilitación de vida sea también fortuita en un multiverso.

Incluso en esta circunstancia resulta incuestionable el hecho de que tenemos que reconocer que para producir este formidable escenario, tal como lo demuestran las simulaciones de mundos virtuales, no podemos evadir el recurso de la inteligencia para la existencia de nuestro escenario cósmico incluso si este escenario no es el propio universo, sino un extraverso donde se desenvuelve el drama de los multiversos.

Hawking es sin duda un científico brillante, pero al igual que Einstein se deja llevar por sus prejuicios y se ciega a las consecuencias a las que sus propias ecuaciones como físico teórico nos llevan. Hay algo que no menciona en su libro "El Gran Diseño" y es oportuno reseñar aquí. Penrose, sin embargo, si lo menciona en su libro "El camino a la realidad" graficándolo del siguiente modo:

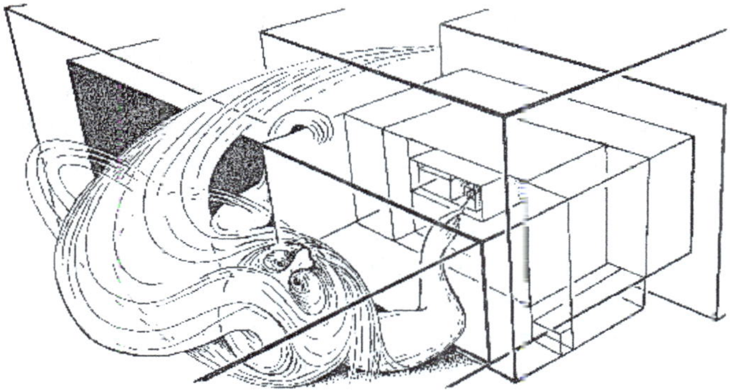

Creación del universo: ¡Una descripción extravagante! La aguja del Creador tiene que encontrar una caja minúscula, solo de 1 parte en 10^10^123 el volumen del espacio de fases entero para crear un universo con un big bang tan especial como el que realmente encontramos.

Fuente: Fig.27.21 Roger Penrose. El camino a la realidad. Editorial Debate 2007

"Si el creador se equivocase en lo más mínimo a señalar este punto y hundiera la aguja de forma efectivamente aleatoria en la región de máxima entropía entonces el universo sería inhabitable". El camino a la realidad. Pag.980

Comparemos esto con lo que nos dice Hawking:

"Por lo tanto, las leyes de la teoría M permiten diferentes universos con leyes aparentemente diferentes, según como esté curvado el espacio interno. La teoría M tiene soluciones que permiten muchos tipos de espacios internos, quizás hasta unos 10^500, lo cual significa que permitiría unos 10^500 universos, cada uno con sus propias leyes". El Gran Diseño. Pag. 129 énfasis en negrita añadido.

Si tenemos un sistema con 10^500 soluciones que pueden materializarse en universos en el gran juego de lotería cósmico del multiverso y lo comparamos con el espacio de fases 10^10^123 calculado de acuerdo a los propios hallazgos de Hawking (el valor exacto es S=2.6+-0.3×10^122k según los astrofísicos Chas A. Egan y Charles H. A larger de la Australian National University) tendremos que la información cósmica necesaria para producir un universo como el nuestro en este gran juego de lotería cósmico es de I=Log(C) donde C es la complejidad física que para estos efectos constituye el volumen del espacio de fases. Por lo tanto, usando por simplicidad un logaritmo con base 10 en lugar de base 2 que para efectos comparativos es lo mismo, tendríamos que la información cósmica que nos da la Teoría M es de 500 y la de los cálculos basados en las propios hallazgos de Hawking es de 10^123 (en cifras redondas) esto nos deja como resultado que el famoso multiverso solo nos arroja una asombrosamente infinitesimal información de tan solo 5×10^-121 de la necesaria para explicar nuestra grandiosa especialidad, lo cual, para efectos de explicar el origen de la información cósmica resulta prácticamente cero.

Al final, con multiverso y todo, tenemos que admitir que el origen de la información cósmica resulta de algo más parecido al dictado de un creador que a un juego de lotería. Pero incluso aunque se descubriera una teoría que nos proporcionara un espacio de fases cercano o mayor a los 10^10^123 aún así necesitaremos un escenario generador con leyes maestras y complejidad algorítmica. De este modo la visión del multiverso, a la cual se recurrió como salida de escape al diseño cósmico, nos lleva de vuelta al diseño descubriendo que detrás del velo existe una antesala ineludible que requiere inteligencia para existir.

En realidad la respuesta a la pregunta ¿Por qué existe algo en lugar de nada? No sería la precipitada respuesta de Hawking: fruto de una fluctuación accidental del falso vacío, sino más bien que la razón por la que existe algo en vez de nada es precisamente por causa de que la inteligencia existe primigeniamente. De este modo se puede concluir finalmente que no es pues la materia la que antecede a la inteligencia, sino la inteligencia la que antecede a la materia.

Desde el momento en que la inteligencia del ser humano es capaz de crear un mundo virtual mediante una simulación y de convertirse en un creador de mundos, incluso aunque los mismos por ahora solo sean mundos de juguete, no puede soslayar el hecho de que tiene que aceptar que a su vez él mismo es también parte de una creación. En este sentido todos nosotros, por estas consideraciones, nos disguste o no, nos hemos convertido en testigos de cargo del creador.

Capítulo 10

DETRÁS DEL UNIVERSO

El antiguo grabado que antecede a estas líneas ilustra en buena medida la idea que titula este capítulo. En ella se observa el inverosímil caso de un hombre que es capaz de asomarse por una misteriosa abertura en este universo para ver con asombro lo que hay detrás. Allí encuentra un extraordinario escenario muy diferente de su mundo físico conocido donde encuentra los elementos subyacentes al universo desde el cual se articula su existencia.

¿Es ésta visión es una mera fantasía o de hecho realmente existe un escenario más allá de este universo (o multiverso si se quiere) desde el cual procede la información que la segunda ley de la termodinámica pretende disipar hasta alcanzar la infame muerte térmica?

Cuando en el capitulo anterior se afirmó que la inteligencia antecede a la materia cabria preguntarnos ¿Cómo es posible que exista inteligencia sin una plataforma material que permita su existencia? ¿Puede la inteligencia o incluso la misma información existir sin una plataforma material? Y si esta inteligencia es exógena al universo ¿De qué escenario procede?

Sabemos que la información es inmaterial aunque precise de patrones materiales o energéticos para su expresión. En el mundo físico es el agente esencial de la relación causa efecto siempre y cuando se presente en un formato físico que un sistema pueda interpretar. Si el formato de información no es interpretable simplemente no producirá ningún efecto. Esto es lo mismo que sucedería si un capataz diera ordenes en idioma chino a obreros que hablan ruso. En este caso los obreros no podrán seguir las órdenes del capataz por el hecho de que no pueden interpretarle. En nuestro planeta hay miles de sociedades con idiomas distintos que podrían expresar un mismo mensaje con un diferente juego de fonemas. La información también puede expresarse en formatos físicos distintos: onda portadora electromagnética, formato digital laser, irregularidades en una superficie de vinilo, etc. Por lo tanto podemos decir que la información maestra puede estar en un formato material o energético particular, pero que no es en sí misma ni materia ni energía, consistiendo más bien en su disposición y en su dinámica. Y esto implica un hecho crucial:

Sin información no tenemos ningún universo.

Ahora bien, si la información pese a ser inmaterial es la que dinamiza el cosmos ¿podría la inteligencia que provee esa información ser también inmaterial?

Para abordarlo tenemos que recurrir a la inteligencia artificial. Un sistema inteligente necesita una plataforma física donde almacenar su conocimiento, una plataforma de cómputo, sensores para percibir información sensorial (cámaras, micrófonos, detectores de temperatura, presión, etc.) y recibir información semiótica (mensajes de control, comando, etc.). Como se puede ver, con estas necesidades claramente tangibles suponemos con facilidad que la inteligencia requiere de cerebros biológicos o electrónicos también bastante tangibles.

¿Significa esto que la inteligencia no puede anteceder a la materia?

No según veremos.

El ejemplo anterior de sistemas inteligentes creados por el hombre nos ayuda a entender que estas realizaciones, si bien son materiales, no obstante, proceden conceptualmente de un diseño surgido de la mente de uno o más diseñadores antes de plasmarse en un diseño formal con especificaciones y planos físicamente establecidos.

No obstante, se puede objetar que los propios diseñadores son seres físicos y aún así no logramos inmaterializar la inteligencia implicada en el diseño y posterior implementación física de los ingenios artificiales.

Sin embargo, cuando abordamos el caso de los simuladores descubriremos que podemos de hecho crear mundos pequeños y de juguete, pero que al fin y al cabo son mundos nuevos y de distinto carácter al mundo material.

Una simulación por computadora como el juego Vida de Conway o cualquier otro simulador permiten crear de hecho un mundo virtual en este universo y con recursos materiales, pero que no nace naturalmente de este universo, sino de la inteligencia humana presente en el mismo. Su “materia” y “energía” son conceptos computables en este universo virtual que cobran vida en una pantalla de computador y cuyas leyes y devenir “material” ocurren en la memoria y microprocesador de este. ¿Es esto material? Si lo pensamos detenidamente nos daremos cuenta que no lo es en cuanto a que este mundo virtual habita en un espacio, tiempo, materia y energía computados desde los valores iniciales y leyes de reacción establecidos por el programador o programadores de la simulación. No existen en nuestro mundo real, pero si en nuestra creación virtual informática.

Este hecho nos permite sin problemas poder conceptualizar cómo nuestro universo también podría ser computado desde un escenario fuera de este universo y que podría ser afectado en similares términos a como los programadores de un mundo virtual informático pueden afectar sus simulaciones o virtualizaciones cambiando parámetros, reglas o contenido.

¿Qué naturaleza tiene este otro escenario? Si asumimos lo que las simulaciones nos permiten conceptualizar, este escenario sería inmaterial, pero no porque no tenga materia, sino porque su naturaleza se basaría en elementos diferentes a la materia-energía que conocemos.

Del mismo modo este escenario exterior al universo que llamamos "Extraverso" del cual solo podemos avizorar su existencia, sería de una naturaleza estructurada como el universo que conocemos. De dicho escenario vendría tanto la información como la inteligencia que creó dicha información.

Como vimos en el capítulo 5 no podemos aplicar el principio de compensación de la entropía para explicar el surgimiento de la información cósmica (la negentropía) que hace posible su existencia y su gran complejidad. Pero si asumimos la existencia de otro escenario desde el cual recibir dicha información el misterio se resuelve, aunque, claro está, ésta solución no tenga las consecuencias metafísicas del gusto de todos.

No obstante, se puede también objetar que esta "explicación" sería insatisfactoria porque solo habríamos desplazado el problema a otro escenario (el pretendido extraverso) y no resuelto de modo definitivo el problema del origen de dicha información En palabras más entendibles este es la clásica refutación de "¿Quién creó al creador?". Si la información, o dicho de otro modo, la creación del universo procede de un Dios creador exógeno a este universo, ¿Quién le origino a él? Y si decimos que ello violenta e concepto de Dios porque se supone que Dios es eterno e increado y por lo tanto no tiene necesidad de ser creado a su vez, se puede alegar que dicha propiedad de Dios es una invención propuesta por el teísmo y no una refutación valida de dicha objeción.

Además habría que definir cuándo se rompería la cascada de simulaciones ya que si este universo es una especie de simulación de otro superior, no podría este a su vez serlo de otro más superior aun llevándonos nuevamente a una regresión infinita.

El célebre astrónomo norteamericano Carl Sagan cita al Mahapurana (La Gran Leyenda) del filósofo hindú del siglo noveno Jinasena como ilustración de la antigüedad de este argumento:

"Algunos necios declaran que un Creador hizo el mundo. La doctrina de que el mundo fue creado es equivocada y hay que rechazarla.
Si Dios creó el mundo, ¿dónde estaba Él antes de la creación?... ¿Cómo pudo haber hecho Dios el mundo sin materiales? Si dices que los hizo primero y luego hizo el mundo te enfrentas con una regresión infinita... Has de saber que el mundo es increado, como el mismo tiempo, sin principio ni fin. Y que se basa en los principios.. "

Luego, en posteriores páginas del capítulo 10 de su libro "Cosmos" el mismo Sagan define esta objeción con sus propias palabras al decir:

"Es corriente en muchas culturas responder que Dios creó el universo de la nada. Pero esto no hace más que aplazar la cuestión. Si

queremos continuar valientemente con el tema, la pregunta siguiente que debemos formular es evidentemente de dónde viene Dios. Y si decidimos que esta respuesta no tiene contestación ¿por qué no nos ahorramos un paso y decidimos que el origen del universo tampoco tiene respuesta? O si decimos que Dios siempre ha existido, ¿por qué no nos ahorramos un paso y concluimos diciendo que el universo ha existido siempre?"

Sin embargo, el "maravilloso" argumento que usa a las regresiones infinitas como instrumento para invalidar la existencia de una cascada de creaciones o simulaciones no se corresponde con el mundo real. Para verlo notemos tan solo un ejemplo; la cadena trófica. Esta implica que un animal es comido por otro que a su vez es comido por otro mayor. Esto sucede en la naturaleza y, sin embargo, no produce ninguna una regresión infinita. Las cadenas tróficas siempre tienen un límite inferior y otro superior de depredadores. Por lo general las cadenas tróficas tienen tan solo 4 eslabones desde el animal que no se alimenta de otro animal inferior hasta aquel que no tiene un depredador superior. En este sentido vemos como las posibilidades lógicas no necesariamente exigen convertirse en situaciones reales.

Por esta razón no podemos exigir la necesidad absoluta de que la pretendida cascada de creadores sea una regresión infinita. Y siendo así, la apelación a este argumento es absolutamente ineficaz como objeción. Ahora bien con respecto a la atribución de eternidad a un Dios creador como una atribución del teísmo filosóficamente arbitraria sería conveniente analizar, para evaluar esta objeción, 2 propuestas donde se propone, como lo hizo Sagan, la eternidad de 2 agentes distintos: La materia (el universo) o un Dios creador inteligente.

Para estos efectos analicemos el siguiente cuadro donde se compara las premisas que consideran a la materia como agente primigenio (que es la tesis defendida por Hawking, Krauss, Sagan entre otros) y la que considera a la inteligencia como dicho agente:

LA MATERIA	LA INTELIGENCIA
1. De la nada sale algo. 2. La escritura crea al escritor. 3. La auto-organización de la materia conduce a la inteligencia. 4. El universo existió siempre y crea la inteligencia.	1. De algo sale algo. 2. El escritor crea la escritura. 3. La inteligencia aplicada sobre la materia crea organización. 4. La inteligencia existió siempre y creó el universo.

El primer punto de la izquierda se parece mucho al título del libro de Krauss "Un universo desde la nada" y asume la premisa que de la nada puede salir algo.

Pero éste es un absurdo que no se sostiene. En el mismo libro de Krauss y como también lo especifica Hawking en "El gran Diseño" un universo que no tiene frontera de acuerdo a la propuesta Hartle-Hawking y que surge de una fluctuación del falso vacío no sale en realidad de la nada ya que necesita partir de un escenario donde existe una física que permite fluctuaciones del falso vacío y eso en modo alguno es "Nada".

En consecuencia nos quedamos con el punto 1 de la derecha que nos dice que algo sale de algo, porque ya hemos visto que la premisa que de la nada sale algo es manifiestamente falsa. En este sentido algo siempre es de carácter superior a nada.

Los puntos 2 de ambas columnas llevan la lógica al siguiente nivel al definir la diferencia de poderes entre el agente creador y el agente creación apelando como ejemplo a la escritura. El lector puede constatar que nunca la escritura crea al escritor, sino por el contrario es el escritor quien crea a la escritura. Por lo tanto, el agente creador es superior al agente creación.

Los puntos 3 tratan más específicamente los términos con los cuales se diferencia la visión del naturalismo materialista y el Diseño Inteligente. Para el primero es un dogma de fe que la materia es capaz de auto-organizarse para producir la inteligencia. En este libro ya se han discutido las razones por las cuales esta aseveración es falsa y que, por el contrario, es la inteligencia aplicada sobre la materia la que puede crear la organización materia tal como lo señala el punto 3 de la derecha.

Por último tenemos los puntos 4 en los cuales se elige cual de los dos elementos tiene que ser el primigenio. Para los materialistas es la materia (el universo eterno sin principio) el primigenio. Sin embargo, como ya lo hemos tratado en el capitulo anterior, no es la materia la que tiene la comprobada capacidad de crear la inteligencia, sino es la inteligencia la que tiene la capacidad comprobada de organizar la materia e incluso de ser intelectivamente creada por un ser exógeno a este universo. De este modo, por la navaja de Ocam, podemos concluir que es la inteligencia lo que verdaderamente antecede a todo lo existente y puede crear un universo con las características del que conocemos como también podría crear cualquier otro universo totalmente diferente e inimaginable para nuestras mentes.

Pero los críticos de esta tesis recurrirán ahora a otra objeción, dirán que las explicaciones basadas en escenarios no explicables no son explicaciones validas. Si recurro a un ser desconocido en un escenario desconocido que no puedo escudriñar desde la ciencia entonces este recurso debería ser descartado.

Sin embargo, esta no es una objeción válida. Es más bien un parche usado a conveniencia por los críticos del naturalismo materialista entre los que sobresale destacadamente el biólogo británico Richard Dawkins. El mismo, en cierta entrevista, admitió finalmente que para que la vida exista se requiere de un Diseño Inteligente, pero acoto que eso lo acepta siempre y cuando el escenario desconocido de donde surgió dicha inteligencia haya a su vez surgido por una evolución darwiniana en un mundo más favorable para ello. Obsérvese que esto es algo que tampoco está sujeto a corroboración y, por lo tanto, según su criterio, deberíamos descartarlo como explicación válida porque no conocemos dicho escenario siendo tan solo una suposición. De este modo el propio Dawkins estaría descalificándose a sí mismo con su parche favorito.

Cuando Isaac Newton dedujo su ley de la gravitación universal desde el análisis de las leyes de Kepler. El no podía explicar la gravedad, pero podía deducir su existencia y definir como operan los cuerpos materiales por efecto de dicha gravedad. En su caso nadie rechazó su hallazgo por no poder explicar la explicación (la propia gravedad).

Hoy sabemos que el multiverso es una posibilidad por deducción científica desde varias propuestas teóricas tales como la Suma de Historias de Feynman, La Teoría de los multimundos de Everet, La Teoría de la inflación de Alan Guth y la Teoría de cuerdas. No hay modo hoy en día de probar científicamente la presencia del multiverso, pero, sin embargo, no por ello podemos inhibirnos de deducir su posible existencia real.

No se trata, por lo tanto, de que apelemos a un "Dios de los huecos" para encontrar una explicación a la creación del universo. Es realmente al revés, como lo resumía el cosmólogo británico Martin Ress en su documental "Lo que aún no sabemos ¿Somos reales?":

"Al buscar una explicación alternativa a las explicaciones religiosas sobre nuestra creación, los cosmólogos revelaron una posibilidad que parece increíblemente similar. Un ser todopoderoso, omnipotente y súper inteligente. Una entidad cuyos motivos son inescrutables y cuya existencia es imposible demostrar".

Ciertamente no podemos demostrar científicamente esta existencia como alude Ress dado que no podemos enviar una sonda a este extraverso y fotografiar a Dios, pero, no obstante, si ciertos prejuicios metafísicos no obnubilan nuestra objetividad, podremos perfectamente deducir, por medio de las implicancias que encontramos en el requerimiento intelectivo del origen de nuestro universo, la existencia de una súper inteligencia creadora. La misma qué ha infundido la información necesaria para articular su extraordinaria existencia y que está deliberadamente sintonizada con su producto más excelso: la vida.

REFERENCIAS

1. Cristian Aguirre del Pino. Elementos de Estructuras Funcionales OIACDI 2009.

2. Carmen A. Nuñez. La paradoja de la pérdida de nformación en los agujeros negros. CIENCIA HOY. Volumen 16 N º 91 (Febrero – Marzo , 2006)

3. Roger Penrose. El camino a la realidad. DEBATE 2004.

4. Chas A. Egan, Charles H. Lineweaver. A Larger Estimate of the Entropy of the Universe. Cornell University Library.

5. Ilya Propogine. ¿Qué es lo que no sabemos?.Traducción rosa Maria Cascón http://serbal.pntic.mec.es/~cmunoz11/prigogine.pdf

6. Francisco J. Ayala. Mecanismos de la evolución. Especial de Evolución de la revista Investigación y Ciencia. Pag. 15 a 28

7. Sean B. Carroll, Benjamin Prud'homme y Nicolas Gompel. La regulación de la evolución. Investigación y Ciencia. Julio 2008

8. Roger Penrose. La mente nueva del emperador Páginas 368 y 369 bajo el subtitulo: "¿SELECCIÓN NATURAL DE ALGORITMOS?"

9. David L Abel y Jack T Trevors "Three subsets of sequence complexity and the r relevance to biopolymeric information". http://www.ncbi.nlm.nih.gov/pmc/articles/PMC1208958/

10. David L. Abel. The Capabilities of Chaos and Complexity. International Journal of Molecular Sciences. http://www.mdpi.com/1422-0067/10/1/247/

11.David Berlinski. Sobre el origen de la vida. Sección artículos www.oiacdi.org

12. ¿Hay múltiples universos o este tuvo suerte? Diario El País. 05/11/2003
http://elpais.com/diario/2003/11/05/futuro/1067986801_850215.html

13. Stephen Hawking. El Gran Diseño. Editorial Crítica 2010

14. Paul Davies. La mente de Dios.

15. Martin Rees. Lo que aún no sabemos ¿Somos reales?

16. Lawrence Krauss. Un Universo desde la nada.

17. Carl Sagan. Cosmos.

Made in the USA
Monee, IL
04 November 2026

67381289R00085